JN044922

トリウム、プルトニウムおよび MA の化学

佐藤修彰・桐島　陽・渡邉雅之・
佐々木隆之・上原章寛・武田志乃・
北辻章浩・音部治幹・小林大志　著

東北大学出版会

The Chemistry of Thorium, Plutonium and MA

Nobuaki Sato
Akira Kirishima
Masayuki Watanabe
Takayuki Sasaki
Akihiro Uehara
Shino Takeda
Yoshihiro Kitatsuji
Haruyoshi Otobe
Taishi Kobayashi

Tohoku University Press, Sendai
ISBN978-4-86163-370-6

口絵 1

(1) 二酸化物

ThO_2	PuO_2	NpO_2	AmO_2

(2) その他化合物

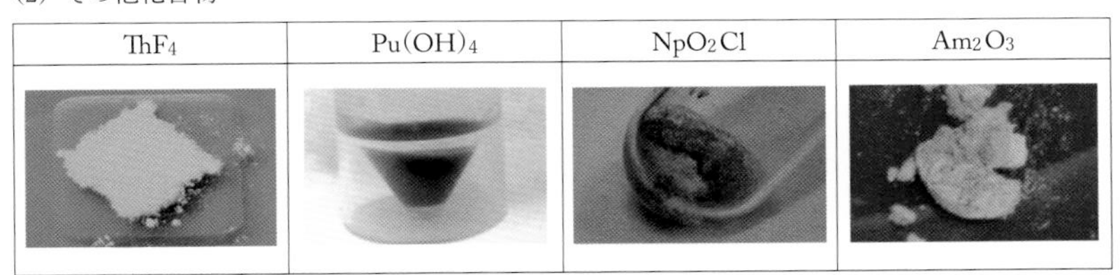

(3) 水溶液

(4) 溶融塩 (NaCl-2CsCl)

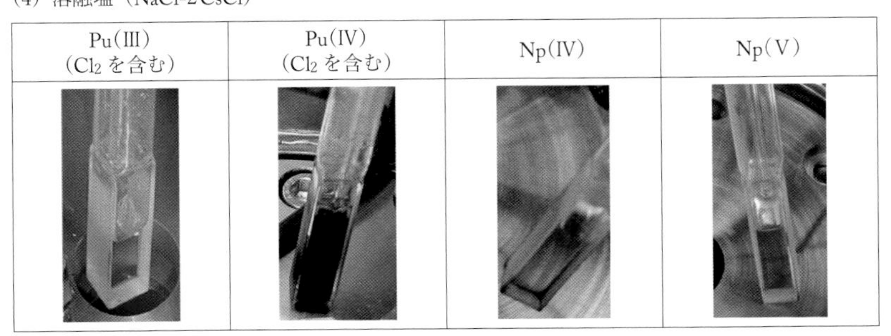

口絵 1　化合物および溶液の色
(p22, p34, p98, p110, p127, p194, p204 参照)

口絵 2

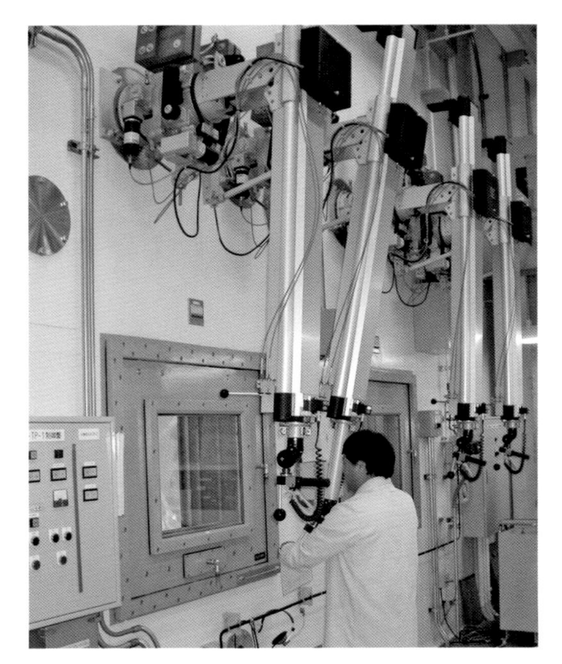

口絵 2-1　コンクリートセル（図 23.1，p241 参照）

口絵 2-2　鉄セル（図 23.2，p242 参照）

序　文

核燃料物質であるウランは，天然ウラン中に0.7%含まれる^{235}Uを3～4%に濃縮して，その核分裂反応によるエネルギーを蒸気タービン用熱源とする原子力発電の燃料として利用されてきた。同時に，原子炉内にて，99%以上を占める非核分裂性の^{238}Uが中性子捕獲により核分裂性のプルトニウム（^{239}Pu）に転換することにより，核燃料物質として機能している。日本では，使用済ウラン燃料の再処理によるプルトニウムを利用するサイクルが主である。

一方，法令では，この他にトリウムも核燃料として定義されている。実際，トリウム資源の方がウラン資源の4倍ほど賦存し，国内外でトリウム原子炉の研究も進められている。天然トリウムは非核分裂性の232Thが100%であり，ウランの場合の^{238}Uのような利用になる。大規模なトリウム資源を有するインドでは，ウラン－プルトニウムサイクルを経由する段階的なトリウムサイクルが開発されている。

さらに，原子炉内の核反応では，ウラン，トリウム，プルトニウム以外のアクチノイドも生成される。それらの中でもネプツニウムやアメリシウム，キュリウムはマイナーアクチノイド（MA）に分類され，これらに関わる化学も必要である。

核燃料物質に関する研究は，次世代にわたって対応していく必要があるもので，人材育成や研究開発の継続が必要不可欠であり，原子力化学や放射化学分野における座学とともに実験研究が重要である。そのために，核燃料であるウランの基礎化学やプロセス化学に関する学習が必須であると考え，まず，「ウランの化学（I）－基礎と応用－」（佐藤修彰，桐島　陽，渡邉雅之著，東北大出版会，（2020.6.21）発行）を出版した。基礎編では，ウランの性質や各元素との化合物について述べ，応用編では，核燃料サイクルの各工程や，ウランガラスについて扱った。次に，「ウランの化学（II）－方法と実践－」（佐藤修彰，桐島　陽，渡邉雅之，佐々木隆之，上原章宏，武田志乃著，東北大学出版会，（2021.3発行）を出版し，方法編では実験施設や設備，種々の実験方法を，実践編では溶液および固体化学の実験やウランおよびRIを用いた実験等について触れた。

上述のように核燃料物質には，ウランの他にトリウムおよびプルトニウムがあり，原子力の利用にあたっては，これら元素についての理解も不可欠である。本書では，第1部トリウム編，第2部プルトニウム編，第3部MA編として，基礎化学からプロセス化学，環境化学，取扱技術などを含めてまとめることとした。とくにプルトニウム，MAに関する人体への影響や取扱技術については，新たに専門の研究者にお願いし，執筆を分担した。本書が既刊「ウラン化学（I）および（II）」と合わせ，「核燃料の化学」3部作として原子力分野に係る研究者，技術者，学生諸君のお役にたつとともに，被災地からの発信として廃炉・復興に貢献できれば幸いである。最後に，本著の出版にあたりご協力いただいた，東北大学原子炉廃止措置基盤研究センター　渡邉 豊先生，青木孝行先生，津田智佳氏，同大学多元物質科学研究所　秋山大輔博士，日本原子力研究開発機構　日下良二博士，永井崇之博士，東北大学出版会　小林直之氏に謝意を表する。

令和3年11月

佐藤修彰，桐島　陽，渡邉雅之，佐々木隆之，
上原章寛，武田志乃，北辻章浩，音部治幹，小林大志

目　次

執筆分担リスト

第1部　トリウム編

第1章　　佐藤　修彰
第2章　　佐藤　修彰
第3章　　佐藤　修彰
第4章　　佐藤　修彰
第5章　　佐々木隆之，小林　大志，上原　章寛
第6章　　佐藤　修彰
第7章　　佐藤　修彰
第8章　　佐藤　修彰，武田　志乃
第9章　　上原　章寛，武田　志乃

第2部　プルトニウム編

第10章　　佐藤　修彰
第11章　　佐藤　修彰
第12章　　音部　治幹，佐藤　修彰
第13章　　佐藤　修彰
第14章　　佐藤　修彰，音部　治幹
第15章　　北辻　章浩，小林　大志，佐々木隆之，渡邉　雅之
第16章　　音部　治幹，北辻　章浩
第17章　　佐藤　修彰
第18章　　佐藤　修彰
第19章　　上原　章寛，武田　志乃，佐藤　修彰

第3部　MA編

第20章　佐藤　修彰，桐島　　陽

第21章　佐藤　修彰，桐島　　陽，佐々木隆之，
渡邉　雅之，音部　治幹

第22章　佐藤　修彰，桐島　　陽，渡邉　雅之

第23章　音部　治幹

第１部
トリウム編

第1章　トリウムの基礎

1.1　歴史

1815年，スウェーデンの化学者ベルセリウス（Jons Jacob Berzelius）は同国スカンジナビア半島のファルン地方より新元素を含む新物質を発見し，古代スカンジナビアの雷神トール（Thor）からトリウムと命名した。10年後，同物質はリン酸イットリウム（YPO_4）であることが分かった。1928年，ノルウェー国レーヴェ島で採取された黒色の鉱物がオスロ大エスマルク教授（Hans Morten Thrane Esmark）からベルセリウスへ送られ，新元素のケイ酸塩としてトール石（Thorite, $ThSiO_4$）と命名した。彼はフッ化トリウムカリウムと金属カリウム混合物をガラス管内で加熱して，粗金属Thを得た。

$$K_2ThF_6 + 4K = Th + 4NaF + 2KF \tag{1-1}$$

その後，D. レーリ2世（D. Lely, Jr.）およびL. ハンブルガー（L. Hamburger）により，四塩化トリウムと金属ナトリウムを反応後，真空蒸留して99% Th金属を得ている。

$$ThCl_4 + 4Na = Th + 4NaCl \tag{1-2}$$

その他，高温まで安定な酸化トリウム（ThO_2）がガスマントルヒーターとして利用されている。その後，放射能の発見，核反応による核分裂性ウラン（^{233}U）生成により，原子力分野において重要が高まってきている。

1.2　核的性質と同位体

主なトリウムの同位体を表1.1に示す。天然トリウムは存在比100%の^{232}Thからなる放射性同位体であり，トリウム系列の親核種である。トリウム系列の壊変図を図1.1に示す。まず，トリウム系列では，地球の歴史よ

表1.1　トリウムの同位体と性質

同位体	天然存在比 (%)	半減期	放射線 (MeV)	生成方法
^{226}Th	0	30.57m	α, 6.335	^{230}U の α 壊変
^{227}Th	0	18.68d	α, 6.038	Ac 系列核種
^{228}Th	0	1.9116y	α, 5.423	Th 系列核種
^{229}Th	0	7.340×10^3y	α, 4.845	^{233}U の α 壊変
^{230}Th	0	7.538×10^4y	α, 4.687	U 系列核種
^{231}Th	0	25.52h	β (γ), 0.084	Ac 系列核種
^{232}Th	100	1.405×10^{10}y	α, 4.016	Th 系列親核種
^{233}Th	0	21.83m	β (γ), 0.086	^{232}Th(n, γ)
^{234}Th	0	24.1d	β (γ), 0.098	U 系列核種
^{236}Th	0	37.5m	γ, 0.111	^{238}U (γ, 2p)

りも長い半減期（140億年）をもつ ^{232}Th を親核種として ^{228}Ra, ^{228}Ac を経由して ^{228}Th へ壊変する。α 壊変では（1-3）式のように，α 線（$^4{}_2$He）を放出するので，質量数および原子番号がそれぞれ4および2減って，$^{228}{}_{88}$Ac となる。$^{228}{}_{88}$Ac は2回の β^- 壊変により ^{228}Th を生成する（(1-4), (1-5)式)。図1.1からわかるように，トリウム系列では6回の α 崩壊と4回の β^- 崩壊を繰り返して，最終的に安定同位体である ^{208}Pb となる。

$$^{232}_{90}\mathrm{Th} \rightarrow {}^{228}_{88}\mathrm{Ra} + {}^{4}_{2}\mathrm{He} \tag{1-3}$$

$$^{228}_{88}\mathrm{Ra} \rightarrow {}^{228}_{89}\mathrm{Ac} + \mathrm{e}^- \tag{1-4}$$

$$^{228}_{89}\mathrm{Ac} \rightarrow {}^{228}_{90}\mathrm{Th} + \mathrm{e}^- \tag{1-5}$$

^{212}Pb からは α 壊変（(1-6)式）と β^- 壊変（(1-7)式）に分岐し，それぞれ，$^{208}{}_{80}$Tl および $^{212}{}_{83}$Bi となり，その後，β^- 壊変および α 壊変により ^{208}Pb となる。

$$^{212}_{82}\mathrm{Pb} \rightarrow {}^{208}_{80}\mathrm{Tl} + {}^{4}_{2}\mathrm{He} \tag{1-6}$$

$$^{212}_{82}\mathrm{Pb} \rightarrow {}^{212}_{83}\mathrm{Bi} + \mathrm{e}^- \tag{1-7}$$

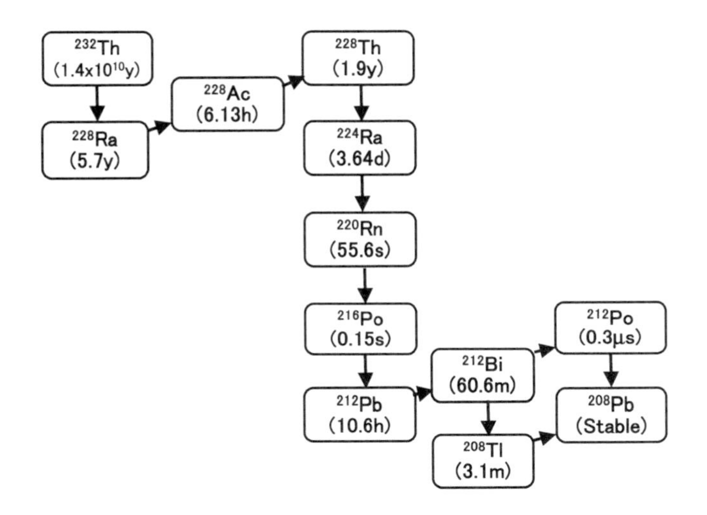

図 1.1　トリウム系列壊変図

一方，トリウム鉱石中では，親核種と娘核種間で放射平衡が成立しており，その放射能の大部分は，^{228}Ra（半減期 5.7y）およびそれ以降の短寿命核種である。製錬等分離操作によりこの ^{228}Ra を分離除去しても，精製トリウム中には，^{228}Ra 以降の娘核種が生成し，放射平衡に達する。その結果，トリウムの比放射能はウランに比べると強く，このことはトリウムを扱う際の被ばく防止が重要となり，燃料製造などにおいて制約を受ける。また，天然の存在比が 100％である ^{232}Th は，核分裂性ではなく，そのままでは核燃料として使用できないが，中性子吸収（(1-8) 式）により $^{233}{}_{90}$Th を生成後，β^-壊変により $^{233}{}_{91}$Pa を経由して核分裂性の ^{233}U を生成する。このため，原子炉内では ThO_2 のようなブランケット材として利用し，炉内で ^{233}U に核変換させた後，再処理により分離し，例えば，$^{233}UO_2$燃料として使用できる。ただし，^{233}Th および ^{233}Pa の半減期はそれぞれ 21.83m と 27.0d であり，崩壊により十分な量の ^{233}U を得るには 10 半減期（270d）以上必要となる。既刊の「ウランの化学（I）」1.2 節 表 1.1

[6] に示すように，^{233}U の熱中性子吸収断面積は530barnで，^{235}U (586barn）と同程度に大きく，核分裂反応が起きやすいことがわかる。一方，娘核種のγ線により^{233}Uを含む燃料の放射能が強く，低濃縮ウランやトリウムより取扱が難しい。さらに^{232}Th は高速中性子との（n，n'）反応により生成される^{232}U からの放射線にも注意する必要がある。このトリウムサイクルについては第6章で述べる。

$$^{232}_{90}\mathrm{Th} + \mathrm{n} \rightarrow {}^{233}_{90}\mathrm{Th} + \gamma \quad (1\text{-}8)$$

$$^{233}_{90}\mathrm{Th} \rightarrow {}^{233}_{91}\mathrm{Pa} + \mathrm{e}^- \quad (1\text{-}9)$$

$$^{233}_{91}\mathrm{Pa} \rightarrow {}^{233}_{92}\mathrm{U} + \mathrm{e}^- \quad (1\text{-}10)$$

この他，天然の壊変系列において存在するTh核種がある。例えば，トリウム系列（親核種：^{232}Th，2n）からの^{228}Thやネプツニウム系列（親核種：^{237}Np，2n+1）からの^{229}Th，ウラン系列（親核種：^{238}U，2n+2）からの^{234}Th，アクチニウム系列（親核種：^{235}U，2n+3）からの^{227}Thや^{231}Thである。

表1.1の10核種以外に，半減期30分以下のトリウム核種が^{204}Th(998ms)から^{242}Th(5.76s）まで29核種存在する。例えば，^{220}Th(9.7μs）は^{208}Pb (^{16}O,4n）反応により生成する。

トリウム系列にある核種については，歴史的な名称がついており，しばしば，温泉成分にも使用されてきた。それらを表1.2に示す。

トリウム系列では半減期1.9年の^{228}Thが生成されるが，これ以降の娘核種は全て半減期が短く，数日後には^{228}Thと放射平衡になる。その際，^{212}Biや^{208}Tlの崩壊によりそれぞれ，1.81および2.61MeVの高エネルギーγ線を放出するので，遮蔽や被ばく防止が課題である。

一方，トリウム鉱石やウラン製錬副産物のトリウムは微量の^{230}Thを含む。この^{230}Thはウラン系列の^{238}Uから2回のα崩壊により生成する核種である。^{230}Thは炉内での核反応により^{232}Uを生成し，さらにα崩壊により，上述したようにトリウムサイクルにおいて問題となる^{228}Thとなる。

表1.2　トリウム系列の核種と歴史的名称

核種	歴史的名称	天然 Th 中の原子比（ppb）
^{232}Th	トリウム	109
^{228}Ra	メゾトリウム1	0.48
^{228}Ac	メゾトリウム2	5.0×10^{-5}
^{228}Th	ラジオトリウム	0.135
^{224}Ra	トリウムX	7.1×10^{-4}
^{220}Rn	トロン	1.27×10^{-7}
^{216}Po	トリウムA	3.4×10^{-10}
^{212}Pb	トリウムB	8.6×10^{-5}
^{212}Bi	トリウムC	8.2×10^{-6}
^{212}Po	トリウムC'	4.4×10^{-16}
^{208}Tl	トリウムC"	1.50×10^{-7}
^{208}Pb	トリウムD	安定

$$^{230}Th \rightarrow {}^{231}Ra + \gamma \qquad (1\text{-}11)$$

$$^{233}Th \rightarrow {}^{233}Pa + e^- \qquad (1\text{-}12)$$

$$^{233}Pa \rightarrow {}^{232}U + e^- \qquad (1\text{-}13)$$

$$^{232}U \rightarrow {}^{228}Th + {}^{4}He \qquad (1\text{-}14)$$

第7章で扱うように，トリウム等を含む原材料，製品等の安全確保に関するガイドラインでは，少量核燃料物質の下限数量が天然U 1gに対し，Thは3gである。ウラン鉱石等核原料物質については，放射能濃度および数量（U量＋3Th量）の両方がそれぞれ74Bq/g，900gを超える場合に使用の届出が必要となる。

図1.2には二酸化トリウム（ThO_2）とモナザイト鉱石のγ線スペクトルを示す。それぞれの試料についてGe半導体検出器により273945秒測定した。ThO_2の場合，^{228}Th他，^{228}Acや^{212}Pb，^{208}Tlなど図1.1に示すトリウム系列の娘核種からのγ線のみが検出されている。これに対しモナザイトの場合には大部分のγ線はThO_2の場合と同じγ線が検出されている。し

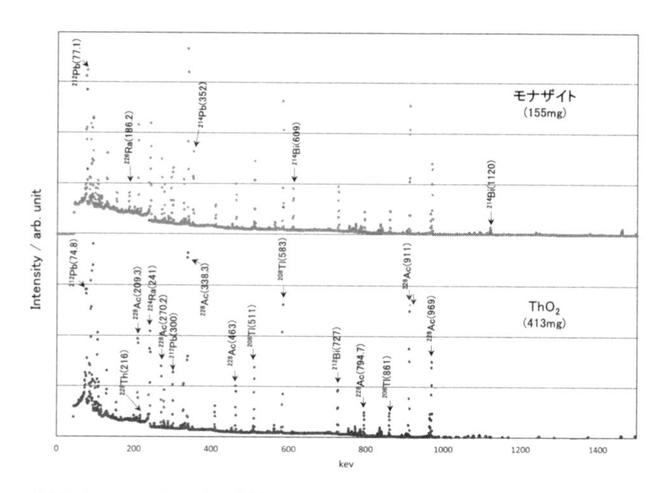

図 1.2　モナザイト（上）および ThO_2（下）の γ 線スペクトル

かし，それ以外に，^{226}Ra や ^{214}Pb，^{214}Bi からの γ 線に相当するピークが確認されている。これらは ^{238}U を親核種とするウラン系列の娘核種である。このことは，モナザイト鉱石中にトリウムとともにウランが共存していることを示している。天然ウランに 0.72％含まれる ^{235}U から放出される 186 keV の γ 線を測定できれば，直接ウラン量を求めることができる。Th が共存する場合には娘核種 ^{226}Ra の 186.2keV の強い γ 線が重なっており，定性や定量に用いることは難しい。さらに，モナザイトおよび ThO_2 の γ 線スペクトルにおいて，最強線は ^{228}Ac の 338.3keV の γ 線であり，これとの相対強度をみると，ThO_2 の場合に低エネルギー側に見られる ^{212}Pb の γ 強度が大きくなっている。モナザイトの場合には親核種と娘核種が放射平衡にあると考えると，精製した ThO_2 の場合には過渡平衡にあり，短半減期核種の影響が残っていることがわかる。

次に，トリウム原子の電子配置について，アクチノイド元素はラドン核 ($1s^22s^22p^63s^23p^63d^{10}4s^24p^64d^{10}5S^25p^65d^{10}4f^{14}5d^{10}6s^26p^6$) の外殻に 5f 電子が充填されていくので，キセノン核に 4f 電子が 14 個充填されるランタノイドともに f 電子系と呼ばれる。表 1.3 には 5f，6d，7s 電子を含めた電

表 1.3　アクチノイド元素の電子配置

M	Ac	Th	Pa	U	Np	Pu	Am	Cm
5f	0	0	2	3	4	6	7	7
6d	1	2	1	1	1	0	0	1
7s	2	2	2	2	2	2	2	2

子配置を，アクチノイド元素と比較して示す。Ac と Th には f 電子が充填されず，6d 電子が増加している。このことは，周期表で Ac，Th が 3 族，4 族に相当することになる。実際 ThO_2 は，4 族の ZrO_2 や HfO_2 と同様に，極めて安定であり，同族元素のように振る舞う。

1.3　法令と定義［7］

トリウムについて核燃料物質としての法規制は昭和 30 年に制定された「原子力基本法」や「原子炉等規制法」,「同施行令」による。基本法第 3 条第 2 項では「「核燃料物質」とは，ウラン，トリウム等原子核分裂の過程において高エネルギーを放出するものであって，政令で定めるものをいう。」と定義され,「核燃料物質等の定義に関する政令」（昭和 30 年制定）第 1 条では　第 3 項にトリウムおよび化合物が定義されている。さらに，核原料物質として「ウラン鉱，トリウム鉱等その他核燃料物質の原料となる物質であって，政令で定めるもの」を定義している。

1.4　資源［8］

トリウムのクラーク数は 8.1ppm であり，ウラン（2.3ppm）の 4 倍程度大きい。主なトリウム鉱物を表 1.4 に示す。方トリウム石（Thorianite, (Th, U) O_2）やトール石（Thorite, $ThSiO_4$）は一次鉱物であるが，モナザイト等は，堆積してできた二次鉱物である。一次鉱物では Th^{4+} のサイトに U^{4+} が置換した形をとるが，二次鉱物ではウラニルイオン（UO_2^{2+}）が置換する。Thorianite について組成式を（$Th_{1-y}U_y$）O_2 と表記すると，y=0 − 0.25 に該当する。ウラン濃度が高くなり，y=0.25 − 0.75 を Uranothorianite，y=0.75

表1.4　主なトリウム含有鉱物

分類	鉱物名	英語名	化学式
一次鉱物	方トリウム石	Thoianite	$(Th, U)O_2$
	トール石	Thorite	$Th(SiO_4)$
二次鉱物	モナズ石	Monazite	$(Ce, La, Y, Th)PO_4$
	ゼノタイム	Xenotime	$(Y, Th)PO_4$
	トロゴム石	Thorogummite	$Th(SiO_4)_{1-x}(OH)_{4x}$

－1をUraniniteとしている。Th含有量が工業的な資源としてはトリウムを随伴するモナザイト等の希土類鉱石である。

主な希土類鉱石に随伴するトリウムおよびウランについて，軽希土元素を主に含むバストネサイト（Bastnesite, $(La, Ce)PO_4$）や多種金属元素を随伴する共生鉱にはほとんどウラン，トリウムは含まれないが，重希土元素を含むモナザイト（Monazite, $CePO_4$），ゼノタイム（Xenotime, YPO_4）にはウランとともにトリウムが含まれる。モナザイト鉱石のもととなるリン酸カルシウムは本来無機イオン交換体であり，この結晶中のカルシウムの位置にイオン半径の近い希土類元素やトリウム，ウランが置換してとりこまれたものである。モナザイト中にはトリウムが数～10%程度，ウランが少量含まれる。比重が5程度と重く，風化による選鉱処理を受けてイルメナイト（$FeTiO_3$），ルチル，（TiO_2），ジルコン（$ZrSiO_4$）等重鉱物とともに堆積し，インド，マレーシア，オーストラリアなどの海岸に重砂として産出する。福島県阿武隈山地の川俣産ペグマタイト中にレアメタル鉱物を調べた報告［9］があり，YttorialiteやAbukumaliteのようなイットリウムを主体とする希土類含有鉱物とともに，100μmサイズのThorogummite（$UO_3 \cdot 3ThO_2 \cdot 3SiO_2 \cdot 6H_2O$）を見出している。この場合，U：Thは1：3で上記の（$(Th_{1-y}U_y)O_2$）とした場合の，$y=0.25$となり，ThorianiteのU：Th比に相当していることがわかる。

このように，希土類鉱石を処理する際には，トリウム等を含む放射性廃棄物が発生することになり，その処理や保管に注意を要する。

表 1.5　国別のトリウムおよびウラン資源量［10］

産出国	U 資源（× 10^3t）	Th 資源（× 10^3t）	Th/U
Australia	365	21	0.06
Canada	191	54	0.28
Brazil	2	68	34.0
India	32	319	9.97
Turkey	4	33	8.25

表 1.6　鉱床別のトリウム資源量［11］

鉱　床　名	資源量（10^3t）	割合
砂鉱床（Placer）	2182	35.1
カーボナタイト鉱床（Carbonatite）	1783	28.7
鉱脈鉱床（Vein type）	1528	24.6
アルカリ岩鉱床（Alkaline rocks）	584	9.4
その他（Others/Unknown）	135	2.2
	6212	100

表 1.5 には国別の確定されたトリウムおよびウラン資源量を示す［10］。残念ながら，中国およびロシアのデータは公表されていない。ウラン資源の多い国はオーストラリアとカナダである。一方でトリウム資源の多い国はインドとブラジルである。ウラン資源では Th/U は低く，一方トリウム資源では，高くなっている。これは，ウランの場合には Uraninite や Pitchblend のようにウランを含む鉱石が多いのに対し，トリウムの場合には Monazite のように希土類鉱石が主となる。この場合，トリウムは希土類に随伴して高濃度を示すものの，ウラン含有量は低い。実際，インドでは海岸地帯の重砂鉱床に含まれるトリウムが濃集している Monazite が主要鉱石であり，有望なトリウム資源となっている。中国の報告例がないが，中国は世界最大の希土類産出国であり，相当のトリウム資源を有していることになる。

表 1.6 に鉱床別のトリウム資源量を示した［11］。鉱脈型，アルカリ岩鉱床のような鉱床はトリウム含有量が高いものの，多くはない。これに対し，砂鉱床やカーボナタイト鉱床では風化，堆積を経て Monazite や

Ilmenite, Zircon 等重鉱物が多く，トリウムを随伴している。インドや東南アジアなどの海岸ではトリウム資源となる重砂鉱床を形成している。この鉱床は天然の選鉱を経ており，鉱物品位も高い。特に希土類資源としての利用が高く，製錬残渣にトリウムが濃集し，新たなトリウム資源としての価値がある反面，放射性廃棄物としての対応も必要となる。

参考文献

[1] L. R. Morss, N. M. Edelstein, J. Fuger eds, "The Chemistry of the Actinide and Transactinide Elements", 3rd edition, Vol.1, Chap.3, Springer, (2011) 52-160.
[2] H. M. Leicester, "Discovery of the Elements", 7th Ed.,（大沼正則監訳），朝倉書店，第12章，第19章，(1989)
[3] 工藤和彦，田中　知編，「原子力・量子・核融合事典」第Ｖ分冊，丸善出版，(2017)
[2] M. Benedict, T. H. Pigford, H.W. Levi 著（清瀬量平訳），「核燃料・材料の化学工学」，「原子力化学工学」第Ⅱ分冊，日刊工業新聞社，(1984)
[3] 菅野昌義，「原子炉燃料」，東京大学出版会，(1976)
[4] 内藤奎爾，「原子炉化学」（上），東京大学出版会，(1978)
[5] 中井敏夫，斎藤信房，石森富太郎編，「放射性元素」，「無機化学全書」（柴田雄次，木村健二郎編），XVII-3，丸善株式会社，(1974)
[6] 佐藤修彰，桐島　陽，渡邉雅之，「ウランの化学（I）－基礎と応用－」，東北大学出版会，(2020)
[7] 2019年原子力規制関係法令集，大成出版社，(2019)
[8] 量子機構 NORM データベース，https://www.nirs.qst.go.jp/db/anzendb/NORMDB/1_datasyousai.php
[9] 佐藤修彰，南條道夫：「レアメタル資源に関する研究（III），福島県川俣産ペグマタイト中のレアメタル」，選研彙報，42 (1987)，261-267.
[10] P. Rodorigeez, C. V. Sandaram, "Nuclear and Materials Aspects of The Thorium Fuel Cycle", J. Nucl. Mater., 100, (1981), 227-249.
[11] IAEA TECDOC-1877, (2019), 6.

第2章　金属および水素化物 [1-4]

2.1　金属の合成法

Th 金属の製造法はU金属製造法の分類（ウランの化学（I），図2.1参照）[1] と同様に，(a) 活性金属還元法，(b) 溶融塩電解法，(c) ヨウ化物分解法がある。

(a) 活性金属還元法

金属 Th は酸化されやすく，酸化物が安定であるため，水素還元や水溶液電解では金属製造は難しく，フッ化物や塩化物などをCaやMgを用いた活性金属還元法で製造する。活性金属とトリウムフッ化物，塩化物との還元反応を（2-1）から（2-4）式に，また，熱力学計算ソフトHSC Chemistryにより計算した，それらの反応のGibbs自由エネルギーを図2.1に示す [5]。フッ化物の場合にはMg還元が，塩化物の場合にはCa還元の方が反応しやすいことが分かる。

$$ThCl_4 + 2Mg = Th + 2MgCl_2 \quad (2\text{-}1)$$

$$ThF_4 + 2Mg = Th + 2MgF_2 \quad (2\text{-}2)$$

$$ThF_4 + 2Ca = Th + 2CaF_2 \quad (2\text{-}3)$$

$$ThCl_4 + 2Ca = Th + 2CaCl_2 \quad (2\text{-}4)$$

表2.1には活性金属還元における原料，還元剤，Th 金属性状を示す。$ThCl_4$ の場合，Na，K および Mg により，Th 粉末を得る。$ThCl_4$ の Mg 還元による方法はチタンやジルコニウムの場合に用いられる Kroll 法である。また，Na-Hg アマルガムを用いた場合には Th-Hg 合金を得，その後，Hg の蒸留分離を行う必要がある。$KTaCl_5$ や NH_4ThCl_5 のような複塩の場合には，水素雰囲気下で還元して，Th 粉末を得たり，Al 還元により Th-Al 合金を得る。ThF_4 を Ca 還元する場合には，$ZnCl_2$ をブースターとして使用し，Th-Zn合金を得たのち，Znを真空蒸留分離して，精製する。

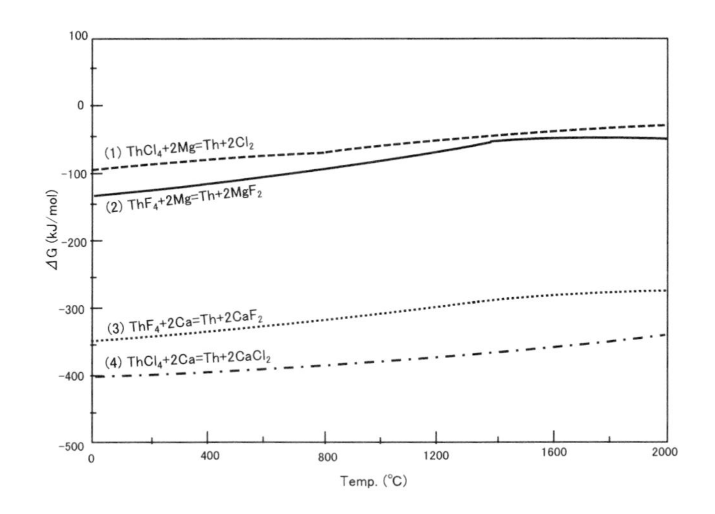

図 2.1　活性金属とトリウムフッ化物，塩化物との反応の Gibbs 自由エネルギー［5］

表 2.1　活性金属還元における原料，還元剤，Th 金属性状

原料	還元剤	金属形状
$ThCl_4$	Na, K	粉末
	Mg	粉末
	Na (Hg)$_x$	Th-Hg 合金
$KThCl_5$	Na, K (H_2)	粉末
NH_4ThCl_5	Al	Th-Al 合金
ThF_4	Ca ＋ $ZnCl_2$	Zn-Th 塊
ThO_2	Mg	粗金属
	Al	ビーズ
	Ca	粉末

一方，ThO_2 の活性金属還元による金属製造も可能である。フッ化物や塩化物の場合は 1000℃以下で実プロセスを操業できるのに対し，酸化物の場合には 1200℃以上を必要とし，工業的ではない。

表 2.2　溶融塩電解法による Th 金属製造

原　料	電解浴	温度（℃）	金属形状
$ThCl_4$	NaCl-KCl	800	粗粒
	KCl-NaCl	800	粉末
$KThF_5$	NaCl-KCl	900	粉末
ThF_4	NaCl-KCl	900	粉末

表 2.3　溶融塩電解精製による精製 Th 中の不純物［6］

元素	Fe	Mo	Ca	Si	Al	Cu
量（ppm）	80	30	<30	<25	<20	10

(b) 溶融塩電解法

次に，溶融塩電解法による Th 金属製造の例を表 2.2 に示す。塩化物と塩化物浴の場合，粗粒を得ている。またフッ化物を用いると高温を必要とする。

さらに，粗 Th 金属を陽極とし，NaCl-KCl 溶融塩に $KTaF_5$ を 15 ～ 25% 添加し，Ar 雰囲気中，800℃にて電解条件（0.5 ～ 1.0V，電流密度 15 A/ cm^2）で電解精製して電流効率 80%で，塊状 Th を得ている［6］。表 2.3 に不純物量を示す。特に，トリウムの場合は，鉱石に随伴する希土類元素が粗金属製造において混入しており，還元電位の異なる希土類元素を溶融塩電解精製により除去できる利点がある。

c) ヨウ化物分解法

高純度 U 金属製造の場合［7］と同様に，粗金属からヨウ化物を得て熱分解により高純度 Th 金属を得る精製法もある。反応式を（2-5）に示す。粗金属 Th とヨウ素を封管に入れ，フィラメントを 900 ～ 1700℃に保つ。ThI_4 が揮発し，フィラメント部で分解して精製 Th を得る。フィラメント部が 900℃以下の場合，ThI_3 が生成，付着するので，注意する。

表 2.4　トリウムインゴットの不純物量［7］

分析法	不純物 (ppm)	誘導加熱法	アーク溶解法	
		新材＋スクラップ	新材	新材＋スクラップ
化学分析法	ThO_2 (%)	2.8	1.34	2.42
	ZrO_2 (%)	0.14	−	−
	N	290	142	211
	C	465	211	193
分光分析法	Al	370	20	13
	B	3.9	0.4	0.5
	Fe	600	243	441
	Ni	520	324	486
	Zn	10	128	43
	U	20	10	6
	SiO_2	500	34	30
密度 (g/cm^3)		11.52	11.57	11.64

$$Th + 2I_2 \rightleftarrows ThI_4 \tag{2-5}$$

$$ThI_4 \rightarrow ThI_3 + 1/2I_2 \tag{2-6}$$

上記方法により金属粉末を得た後，アーク法や，誘導加熱法により溶解･精製し，インゴットを得る。表 2.4 にはインゴットの不純物を示す。誘導加熱法に比べ，アーク溶解の方が N や C といった成分が少なく，また，その他金属成分量も低減しており，精製効果がある。誘導加熱法で製造したインゴットに関し，ThO_2 不純物量を除いた金属 Th 分について，不純物総量は 3000 ppm 程度であり，ZrO_2 量 0.14%を除くと，99.5%程度の純度である。一方，アーク溶解の場合には，1100ppm であり，純度は 99.9%程度となる。高純度化とともに密度も高くなる。

2.2　金属の物理的化学的性質

金属 Th には常圧下では α および β の二相があり，それぞれの性質を表 2.5 に示す。1360℃にて α 相から β 相へ転移し，その後，1750℃で融解する。

表 2.5　金属トリウム各相の結晶構造，密度および変態点

相	結晶系	a（Å）	密度 ((g/cm^3)	備　考
α	面心立方晶	5.0842	11.724	$\alpha \rightarrow \beta$ 変態点 (1360℃)
β	体心立方晶	4.11	11.10	融点（1750℃）

加圧下（102 GPa）では，体心正方晶（a ＝ 2.282，c ＝ 4.411 Å）をとる。変態とともに体積および密度がわずかに低下する。ウランの場合とは異なり，トリウムでは変態前後において異方性がなく，原子炉用金属としては扱いやすい。

金属 Th はウランと同様，化学的にきわめて活性である。微粉末は空気中では発火性を示すので，トリウム粉末をペレット状に圧粉成型しようとすると発火する。金属表面は酸化物で被覆されており，希 HF，希 HNO_3 H_2SO_4，過塩素酸などとは徐々に反応する。濃 HNO_3 とは不動態化する。HCl に溶解すると，黒色残渣が発生し，この残渣（酸化物）はフッ酸に溶解する。このことは，トリウムが f 電子を持たず，化学的性質は 4 族の Zr や Hf と類似していることを示す。

2.3　水素化物

金属トリウムを水素中で加熱すると，500℃付近より反応し，850℃付近で ThH_2 を生成し，その後，Th_4H_{15} となる。900℃では，金属と水素に分解する。水素化と熱分解により金属粉末を得る。

$$Th + H_2 \rightarrow ThH_2 \tag{2-7}$$

$$4ThH_2 + 7/2H_2 \rightarrow Th_4H_{15} \tag{2-8}$$

$$Th_4H_{15} \rightarrow 4Th + 15/2H_2 \tag{2-9}$$

表 2.6 には水素化物の結晶学的性質を示す。ThH_{1-x} は CaF_2 型構造をと

表 2.6　トリウム水素化物の結晶構造

化合物	結晶構造	空間群	格子定数（Å）	
			a	c
ThH_{2-x}	面心立方	Fm3m	5.489	
ThH_2	正方晶	I4/mmm	5.735	4.971
Th_4H_{15}	立方晶	I43d	9.11	
Th_4D_{15}	立方晶	I43d	9.11	

るが，ThH_2 は ZrH_2 型構造をとり，４族元素の挙動を示す。二元系および三元系水素化物は特異な伝導物性を示す。

この他，種々の鉄やマンガン，ジルコニウム，ニッケル，アルミとの金属間化合物，例えば，$Th_2Fe_{17}D_{4.956}$，$Th_6Mn_{23}D_{16}$，$ThZr_2D_6$，$ThNi_2D_2$，Th_2AlD_3 がある。

水素化物は酸素と容易に反応して ThO_2 となるほか，水蒸気とは 100℃ で反応して酸化物となる。

$$ThH_2 + O_2 \rightarrow ThO_2 + H_2 \tag{2-10}$$

$$ThH_2 + 2H_2O \rightarrow ThO_2 + 3H_2 \tag{2-11}$$

参考文献

［1］ L. R. Morss, N. M. Edelstein, J. Fuger eds, “The Chemistry of the Actinide and Transactinide Elements”, 3rd edition, Vol.1, Springer, (2006) 200.
［2］ 佐藤修彰，「原子力・量子・核融合事典」（工藤和彦，田中　知編），第III分冊，III-68-70，丸善出版，(2017)
［3］ “Handbook of Extractive Metallurgy”, Vol. III, Part 9, Radioactive Metals, Chap. 42 Thorium, Fathi Habashi, Wiley-VCH, (1997)
［4］ 原子力工学シリーズ第２巻「原子炉燃料」，菅野昌義著，東京大学出版会，(1976)
［5］ HSC Chemistry, ver.10, (2020)
［6］ 竹内　栄，可知祐次，佐藤経郎，日本金属学会誌，23，336-340，(1959)
［7］ 佐藤修彰，桐島　陽，渡邉雅之，「ウランの化学（I）－基礎と応用－」，東北大学出版会，(2020)

第3章　13, 14, 15および16族元素化合物 [1-9]

3.1　13族元素化合物

13族元素には ホウ素（B), アルミニウム（Al), ガリウム（Ga）がある。ホウ化物の合成法としては,（1）化学量論組成のThおよびB混合物を1300～2050℃にて真空加熱,（2）化学量論組成のThH_2およびB混合物をH_2雰囲気にて1000～2000℃に反応,（3）ThO_2とBおよびC混合物を1000～2000℃にて真空加熱,（4）$Th(BH_4)_4$を300℃にて熱分解などがある。さらに, ThB_{12}の場合には化学量論組成のThおよびB混合物を, 加圧（65 kbar）下, 1660℃にて反応させて得ている [10]。

$$Th + 4B = ThB_4 \quad (3\text{-}1)$$

$$ThO_2 + 2C + 4B = ThB_4 + 2CO \quad (3\text{-}2)$$

$$Th(BH_4)_4 = ThB_4 + 8H_2 \quad (3\text{-}3)$$

ホウ化物の性質を表3.1に示す。立方あるいは正方晶の構造をとり, 高融点, 高密度で安定な化合物である。

窒素中では1300℃まで安定であり, 硝酸には溶解するが, 塩酸や硫酸には加温しないと反応しない。

3.2　14族元素化合物

14族元素にはC, Si, Ge, Snがある。炭化物の製造法には（a）金属

表3.1　Thホウ化物の性質

ホウ化物	結晶系	格子定数（Å）		融点 (℃)	密度 (g/cm^3)	色
		a	c			
ThB_4	正方	7.256	4.113	2500 <	8.45	黄緑
ThB_6	立方	4.113		2195	7.11	青紫
ThB_{12}	面心立方	7.612				

表3.2　Th炭化物の性質

炭化物		結晶系	格子定数（Å）			相変態・融点（°C）	密度（g/cm^3）
			a	b	c		
ThC		立方	5.346			2,500	10.67
ThC_2	α	単斜（β = 103°）	6.691	4.24	6.744	1440	9.6
	β	正方	4.221		5.394	1495	
	γ	立方	5.806			2,610	

Th粉末とC粉末を用いる高温（約2,000℃）での混合焼結，(b) 金属ThとCとの混合粉末のアーク溶解，(c) ThO_2とCとの混合粉末の高温反応（Carbothermic Reaction），(d) Th金属と炭化水素ガスとの気固反応がある。

$$ThO_2 + (n+2)C = ThC_n + 2CO \quad (n=1,2) \tag{3-4}$$

$$Th + CH_4 = ThC + 2H_2 \tag{3-5}$$

トリウム炭化物の性質を表3.2に示す。一炭化物ThCは面心立方構造をとる。二炭化物ThC_2にはα，βおよびγ相があり，単斜晶，正方晶，立方晶をとる。U_2C_3と同様にセスキ炭化物（Th_2C_3）の合成も報告されているが［11］，高温，高圧下において安定であり，常温・常圧では分解する。融点や密度はウラン炭化物と比べると低い。

$$Th_2C_3 = ThC + ThC_2 \tag{3-6}$$

炭化物は酸化物より熱伝導や電気伝導性が良く，金属的であるが，一方，化学反応性が酸化物より高く，使用には注意を要する。

空気やハロゲンガスと反応して，酸化物，ハロゲン化物を生成する。さらに，加水分解反応によりメタン等を生じる。

$$ThC + O_2 = ThO_2 + C \tag{3-7}$$

表3.3　Thケイ化物の性質

ケイ化物		結晶系	格子定数（Å）		
			a	b	c
ThSi		斜方	5.89	7.88	4.15
Th_3Si_2		正方	7.835		4.154
$ThSi_2$	α	六方	4.136		4.126
	β	正方	4.126		14.346
	γ	六方	3.985		4.220

表3.4　トリウムの15族元素との化合物

	n	X			
		N	P	As	Sb
ThXn	1	ThN	ThP	ThAs	ThSb
	1.333	Th_3N_4	Th_3P_4	Th_3As_4	Th_3Sb_4
	1.5	Th_2N_3	Th_2P_{11}		
	2		ThP_2	$ThAs_2$	$ThSb_2$

$$ThC + 4HCl = ThCl_4 + CCl_4 \quad (3\text{-}8)$$

$$ThC + 2H_2O = ThO_2 + CH_4 \quad (3\text{-}9)$$

同じ14族元素であるケイ素とは，表3.3のようなケイ化物がある。炭化物の場合と同様に，一ケイ化物，二ケイ化物（α，β，γ相）がある。さらに，炭化物の場合とは異なり，セスキケイ化物（Th_2Si_3）が存在する。

5.3　15族元素化合物

15族元素には窒素（N），リン（P），ヒ素（As），アンチモン（Sb）がある。それぞれの化合物を表3.4に示す。

トリウム窒化物は比較的安定な化合物で，伝送物性も酸化物より金属に近い。熱中性子吸収断面積が少し大きく，炉内で$^{14}N(n, \gamma)^{14}C$反応により半減期5,700年を持つ^{14}Cを生成する短所があるものの，高温ガス炉や高速炉の燃料として検討されている。一窒化物（ThN）や二窒化物

(ThN_2）の他にセスキ窒化物（Th_2N_3）や三四窒化物（Th_3N_4）を生成し，他の15族元素についても同様である。

窒化物の製造法には，金属Thと窒素またはアンモニアとの反応やThO_2とCを用いる混合粉末の炭窒化反応（Carbo-nitridation Reaction）がある。

$$2Th+N_2=2ThN \tag{3-10}$$

$$ThO_2+2C+1/2N_2=ThN+2CO \tag{3-11}$$

また，金属ThやTh-ThO_2を窒素雰囲気下，800あるいは1000℃で加熱処理して，Th_3N_4やTh_2N_2Oを得ている［10］。

窒化物は酸化物より熱伝導や電気伝導性が良く，金属的であるが，一方，化学反応性が酸化物より高く，使用には注意を要する。

空気や酸素と反応して，酸化物を生成するほか，水蒸気との反応によりアンモニアを生じる。

$$ThN+O_2=ThO_2+1/2N_2 \tag{3-12}$$

$$ThN+2H_2O=ThO_2+NH_3+1/2H_2 \tag{3-13}$$

3.4　16族元素化合物

16族には酸素のほかカルコゲンとしてイオウ（S），セレン（Se），テルル（Te）がある。ここでは，まず，酸化物について述べた後，カルコゲン化合物について紹介する。

(a) 酸化物

二酸化トリウムの合成法としては，金属を酸化する方法もあるが，市販の硝酸トリウム（4水塩）（$Th(NO_3)_4\cdot 4H_2O$）を出発物質とする方法が簡便である。(1) 硝酸トリウムの直接熱分解のほか，(2) 水酸化トリウムの熱分解，(3) 炭酸トリウムの熱分解，(4) シュウ酸トリウムの分解がある。硝酸トリウムの熱分解反応は，以下のようになる。

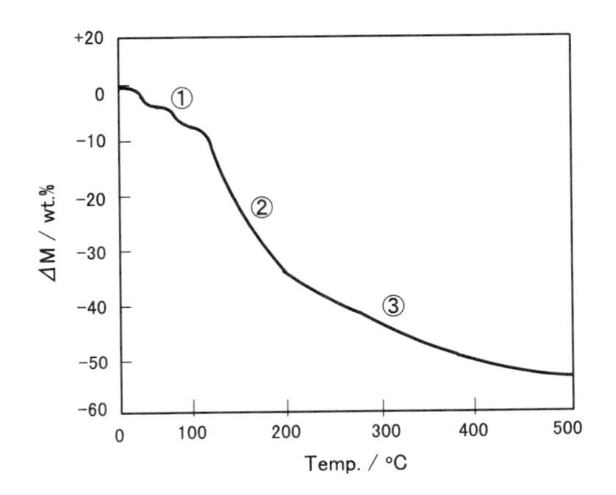

図 3.1　硝酸トリウム（$Th(NO_3)_4 \cdot 4H_2O$）の TG 曲線

$$Th(NO_3)_4 \cdot 4H_2O = Th(NO_3) + 4H_2O \tag{3-14}$$

$$Th(NO_3)_4 = ThO_2 + 2NO_2 + 2NO \tag{3-15}$$

図 3.1 には硝酸トリウムの TG の結果を示す。①の緩やかな 2 段の重量減少は（3-14）式に示す脱水の過程に対応する。続く急激（②）および緩やかな（③）重量減少は，（3-15）式に示す硝酸塩からの脱硝過程である。実際，$Th(NO_3)_4 \cdot 4H_2O$ から ThO_2 となった場合の重量減少の計算値は－57%であり，図中の重量減少に対応している。また，DTA の結果から吸熱による反応であることが分かる。

(2)，(3)，(4) の方法では，硝酸トリウムを溶解後，水酸化アンモニア，炭酸アンモニウム，シュウ酸アンモニウムで沈殿させ，その後各塩を熱分解して得る。それぞれの合成および熱分解反応は以下のようになる。

$$Th(NO_3)_4 + 4NH_4OH = Th(OH)_4 + 4NH_4NO_3 \tag{3-16}$$

$$Th(OH)_4 \rightarrow ThO_2 + 2H_2O \tag{3-17}$$

$$Th(NO_3)_4 + 2(NH_4)_2CO_3 = Th(CO_3)_2 + 4NH_4NO_3 \tag{3-18}$$

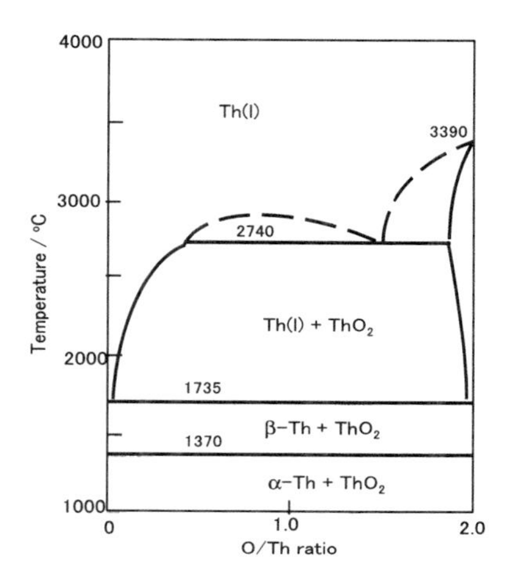

図 3.2　Th-O 二元系状態図［11］

$$Th(CO_3)_2 \rightarrow ThO_2 + 2CO_2 \qquad (3\text{-}19)$$

$$Th(NO_3)_4 + 2(COOH)_2 = Th(COO)_2 + 4HNO_3 \qquad (3\text{-}20)$$

$$Th(COO)_2 \rightarrow ThO_2 + 2CO \qquad (3\text{-}21)$$

次に，Th-O 二元系状態図を図 3.2 に示す［11］。この状態図からわかるように，トリウムの安定な酸化物は ThO_2 のみであり，安定な低級酸化物はない。相変態が 1370，1735℃にあり，それ以上では，金属 Th 液相と ThO_2 固相が共存する。

状態図上には ThO_2 以外の酸化物は存在しないが，ThO_2 の真空での高温熱分解［12］や Th 薄膜の低酸素圧下での酸化［13］により ThO 相の存在を報告した例がある。高純度 Ar 雰囲気でのスパッターにより結晶性石英基板上に 1 μ 厚の金属 Th を生成させた後，100 ppmO_2 を含む Ar 雰囲気中，150℃で 6 時間処理すると，表面は ThO_2 であるが，内部の金属 Th との間に 1 μ 厚の ThO 層が生成していることを示した。表 3.5 にはトリウム酸化物の物理的性質を示す。

表 3.5　トリウム酸化物の物理的性質

酸化物	結晶系	格子定数 (Å)	融点 (°C)	密度 (g/cm^3)	色
ThO	体心立方	5.302			
ThO_2	面心立方	5.592	3390	10.0	白

表 3.6　トリウムカルコゲン化物およびオキシカルコゲン化物

	n (ThX_n)	X		
		S	Se	Te
カルコゲン化物	1	ThX	ThSe	ThTe
	1.5	Th_2S_3	Th_2Se_3	Th_2Te_3
	1.714	Th_7S_{12}	Th_7Se_{12}	Th_7Te_{12}
	2.0	ThS_2	$ThSe_2$	$ThTe_2$
	2.5	Th_2S_5	Th_2Se_5	
	3.0		$ThSe_3$	$ThTe_3$
オキシカルコゲン化物		ThOS	ThOSe	ThOTe

(b) カルコゲン化物

金属トリウムはイオウやセレン，テルルといったカルコゲンと低温で反応してカルコゲン化物（ThX_n, X＝S, Se, Te）を生成する。また，酸化物の硫化あるいは硫化物の酸化によりオキシカルコゲン化物（ThOX）を生成する。表3.6にはトリウムカルコゲン化物およびオキシカルコゲン化物の種類を示す。

例えば，一カルコゲン化物（ThX），二カルコゲン化物（ThX_2），三カルコゲン化物（ThX_3）の間に複数の組成をもつ中間化合物が存在する。このことは，カルコゲン化物の合成に際して，組成比の制御が難しいことや，組成比により物理的化学的性質が変化することを示す。

硫化物の合成に用いる硫化剤については，ウランの化学（II）表8.5に示してある［8］。H_2S や CS_2 の場合には，気固反応となるが，固体状のイオウやセレン，テルルを用いる場合には金属 Th と封管反応により所定組

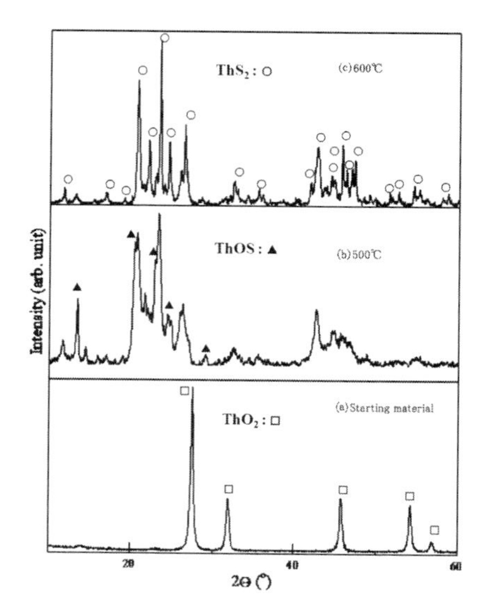

図 3.3　ThO_2 と CS_2 との反応の加熱温度の影響

成をもつカルコゲン化物を合成する。

$$Th + 2X = ThX_2 \qquad (3\text{-}22)$$

$$ThO_2 + 2CS_2 = ThS_2 + 2COS \qquad (3\text{-}23)$$

ThO_2 を CS_2 と反応させた場合の加熱温度の影響を図 3.3 に示す。出発物質である ThO_2 に対し，500℃では，ThOS および ThS_2 に相当するピークが現れ，600℃になると，ThOS 相は減少し，ThS_2 相が主となり，硫化反応が進行していることが分かる。希土類酸化物や UO_2 の硫化反応と比べると，硫化温度が高く，選択的な硫化が可能である。

さらに，Zn など揮発性金属を用いてモノカルコゲン化合物を合成する法もある［14］。ZnX（X = S, Se, Te）と金属 Th を 600 ～ 900℃で反応させて Th カルコゲン化合物を合成し，反応後は Zn を真空揮発除去する。

表 3.7　トリウム硫化物およびオキシ硫化物の性質

硫化物	結晶系	格子定数（Å）			融点 (℃)	密度 (g/cm^3)	色
		a	b	c			
ThS	立方	5.685			2200	9.56	銀色
Th_2S_3	斜方	10.99	10.85	3.96	1950	7.87	褐色
Th_7S_{12}	六方	11.063		3.391	1770	7.885	黒色
ThS_2	斜方	4.268	7.264	8.617	1905	7.63	紫色
$ThS_{2.5}$	正方	5.48	10.15			6.90	
ThOS	正方	3.963		6.747		8.78	

Zn_3P_2 を用いると ThP を合成できる。

$$Th + ZnX = ThX + Zn \quad (X = S, Se, Te) \tag{3-24}$$

表 3.7 にはトリウム硫化物およびオキシ硫化物の性質を示す。結晶構造は，立方晶や，斜方晶，六方晶，正方晶をとる。加圧下において高い融点を示すが，常圧あるいは減圧下では，イオウ量が多い高級硫化物は，熱分解により低級化する。密度は 7 ～ 9 程度を示し，重い。

図 3.4 には熱力学計算ソフト HSC Chemistry により作成した 500℃における Th-S_2-O_2 系化学ポテンシャル図を示す [9]。酸化物は，ThO および ThO_2 が存在するが，ThO の領域は極めて狭い。硫化物では $\log P(S_2)$ の増加とともに ThS，Th_2S_3，ThS_2 の領域が現れる。ThO_2 と ThS_2 の境界には ThOS が存在するが，熱力データが不十分で現れていない。$\log P(O_2)$ が高い領域では広い $\log P(S_2)$ 範囲にわたって硫酸塩が存在する。オキシ硫酸塩 $ThOSO_4$ も存在すると考えられるが，ThOS と同様，データがなく，現れていない。

硫化物は酸化物より熱伝導や電気伝導性が良く，金属的であるが，一方，空気や酸素と反応して亜硫酸ガスを発生し，酸性溶液に溶解すると硫化水素を発生する。ThS と塩素が反応すると，$ThCl_4$ と SCl_2 を生成する。

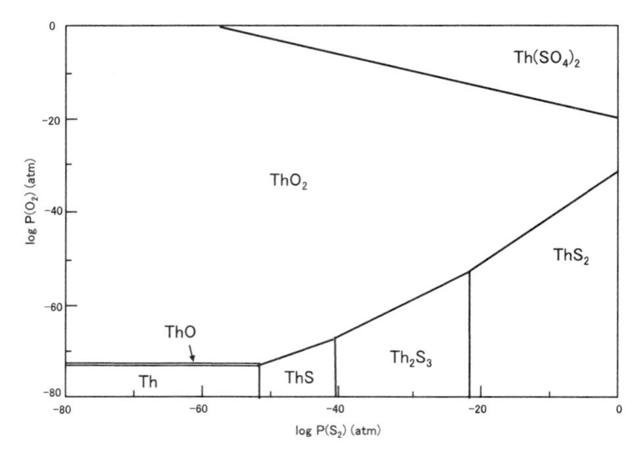

図 3.4　Th-S$_2$-O$_2$ 系化学ポテンシャル図（500℃）[9]

表 3.8　トリウムとホウ素，炭素，ケイ素との複酸化物

B	C	Si
ThB_2O_5	$Th(CO_3)_2$	$ThSiO_4$
	$ThOCO_3$	

$$ThS+2O_2=ThO_2+SO_2 \tag{3-25}$$

$$ThS_2+4H^+=Th^{4+}+2H_2S \tag{3-26}$$

$$ThS+3Cl_2=ThCl_4+SCl_2 \tag{3-27}$$

3.5　その他の化合物

その他，ホウ素，炭素およびケイ素を含む塩（硝酸塩や硫酸塩などオキソアニオンとの化合物）があり，表 3.8-3.11 に示す。

ホウ酸塩はケイ酸塩を生成するほか，炭酸塩ではオキシ炭酸塩もある。ケイ酸塩では，$ThSiO_4$ として Huttonite や Thorite があるほか，ケイ酸基の一部を水酸基と置換した Throgummite がある。

硝酸塩には Th(III) と Th(IV) の2種がある一方で，リン酸塩や亜ヒ酸塩には配位するオキソアニオンの異なるものがある。

カルコゲンの場合には，亜カルコゲン酸とカルコゲン酸塩を生成する

表 3.9　トリウムのケイ酸化合物

ケイ酸塩		結晶系	格子定数（Å）			密度 (g/cm^3)
			a	b	c	
ハットン石 (Huttonite)	$ThSiO_4$	単斜 (β = 104°)	6.80	6.96	6.54	7.1
トール石 (Thorite)	$ThSiO_4$	正方	7.12		6.32	5.3
トロゴマイト (Thorogummite)	$Th(SiO_4)_{1-x}(OH)_x$	立方	5.81			6.6

表 3.10　トリウム硝酸塩，リン酸塩，ヒ酸塩およびアンチモン酸

		N	P	As	Sb
オキソアニオン塩	Th(III)	$Th(NO_2)_3$			
	Th(IV)		$Th_3(PO_4)_4$	$Th3(AsO_4)_4$	$Th(SbO_3)_4$
		$Th(NO_3)_4$	$Th(PO_3)_4$	$Th(AsO_3)_4$	

表 3.11　トリウムカルコゲン酸塩およびオキシカルコゲン酸塩

	S	Se	Te
カルコゲン酸塩	$Th(SO_3)_2$ $Th(SO_4)_2$	$Th(SeO_3)_2$ $Th(SeO_4)_2$	$Th(TeO_3)_2$ $Th(TeO_4)_2$
オキシカルコゲン酸塩	$ThOSO_4$	$ThOSeO_4$	$ThOTeO_4$

他，酸素と置換したオキシカルコゲン酸塩もある。

さらに，図3.5にはTh金属および酸化物からの各化合物合成についてまとめた。Th金属と13，14および15族元素との反応により，それぞれの化合物を組成を制御して合成できる。酸化物や四ハロゲン化物の活性金属還元によりTh金属を得る。フッ素あるいは四塩化炭素とThO_2との反応により四ハロゲン化物を得るが，ヨウ化物や臭化物の合成にはAlX_3（X = Br，I）との反応により，アルミが脱酸剤として働き，ThX_4を得る。各種オキソアニオンの塩を熱分解してThO_2を得る。主な製品，試薬には，硝酸トリウム，二酸化トリウム，金属があり，これらを原料として組成および形態が制御された各種化合物の合成は，研究開発に必要不可欠である。

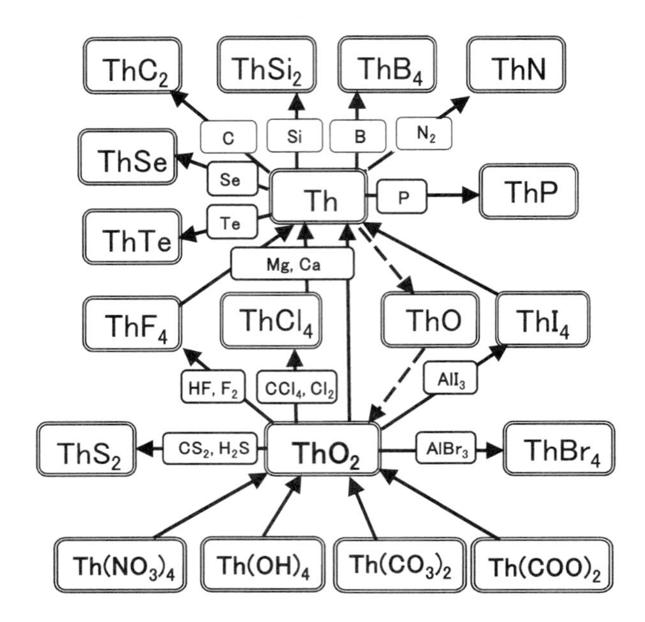

図 3.5　金属および酸化物からのトリウム化合物の合成フロー

参考文献

[1]　L. R. Morss, N. M. Edelstein, J. Fuger eds, "The Chemistry of the Actinide and Transactinide Elements", 4 th edition, Vol.1, Springer, (2011) 78.

[2]　M. Benedict, T. H. Pigford, H.W. Levi 著（清瀬量平訳），「核燃料・材料の化学工学」，「原子力化学工学」第II分冊，　日刊工業新聞社，(1984)

[3]　菅野昌義，「原子炉燃料」，東京大学出版会，(1976)

[4]　内藤奎爾，「原子炉化学」（上），東京大学出版会，(1978)

[5]　中井敏夫，斎藤信房，石森富太郎編，「放射性元素」，「無機化学全書」（柴田雄次，木村健二郎編），XVII-3，丸善株式会社，(1974)

[6]　J. F. Cannon, P. B. Farnsworth, "High Pressure Synthesis of ThB_{12} and HfB_{12}", J. Less Common Metals, 92, (1983), 359-368.

[7]　佐藤修彰，桐島　陽，渡邉雅之，「ウランの化学（I）－基礎と応用－」，東北大学出版会，(2020)

[8]　佐藤修彰，桐島　陽，渡邉雅之，佐々木隆之，上原章寛，武田志乃，「ウランの化学（II）－方法と実践－」，東北大学出版会，(2021)

[9]　熱力学データベース HSC Chemistry, v.10, (2020)

[10] R. Benz, "Thorium-thorium dioxide phase equilibria" , J. Nucl. Mat., 29 (1969) 43-49
[11] H. He, J. Majewski, D. D. Allred, P. Wang, X. Wen, K. D. Rector, "Formation of solid thorium monoxide at near-ambient condition as observed by neutron reflectometry and interpreted by screened hybrid functional calculations" , J. Nucl. Mat., 487 (2017) 288-296
[12] N. Kamegashira, T. Tsuji, T. Miyamoto, K. Naito, "Electric conductivity and defect structure of nonstoichiometric Th_3N_4 and Th_2N_2O" , J. Nuc. Mat., 102 (1981) 26-29
[13] R. J. Ackermann, E. G. Rauh, "The preparation and characterization of the metastable monoxides of thorium and uranium" , J. Inorg. Nucl. Chem., 35 (1973) 3787-3794
[14] G.H.B. Lovell, D.R. Perels, E.J. Britz, "Preparation of the monophosphides and monochalcogenides of uranium and thorium by the volatile metal process" , J. Nuc. Mat., 39 (1071) 303-310

第4章　ハロゲン化物 [1-6]

トリウムはアクチノイドに属するものの，f 電子を有せず，周期表第4族のハフニウムやジルコニウムと似た性質を持つ。ハロゲン（F, Cl, Br, I）との反応では，最大IV価の化合物を生成する。表4.1にはトリウムのハロゲン化物やオキシハロゲン化物を示す。種々のハロゲン化剤との反応は，ウランの化学（I）第5章［7］を参照されたい。

表4.1　トリウムハロゲン化物

	F	Cl	Br	I
ハロゲン化物	ThF_3 ThF_4	$ThCl_2$ $ThCl_3$ $ThCl_4$	$ThBr_3$ $ThBr_4$	ThI ThI_2 ThI_3 ThI_4
オキシハロゲン化物	$ThOF_2$	$ThOCl_2$	$ThOBr_2$	$ThOI_2$

4.1　フッ化物

トリウムの場合，最大原子価が4価であり，酸化性フッ化剤（F_2）でも還元性フッ化剤（HF）でも以下のような反応により ThF_4 を生成する。

$$ThO_2+2F_2=ThF_4+O_2 \tag{4-1}$$

$$ThO_2+4HF=ThF_4+2H_2O \tag{4-2}$$

ThO_2 と HF を反応させた場合，出発物質，500℃および600℃における生成物のX線回折結果を図4.1(a)，(b)，(c) に示す。出発試料は ThO_2 であるが，500℃では $ThOF_2$ および ThF_4 が同定され，さらに600℃では ThF_4 単相となる。さらに，高純度 ThF_4 を得る場合は，フッ化アンモニウム（NH_4HF_2）を反応させて，NH_4ThF_5 を生成後，300℃以上で分解させて，ThF_4 を得る。

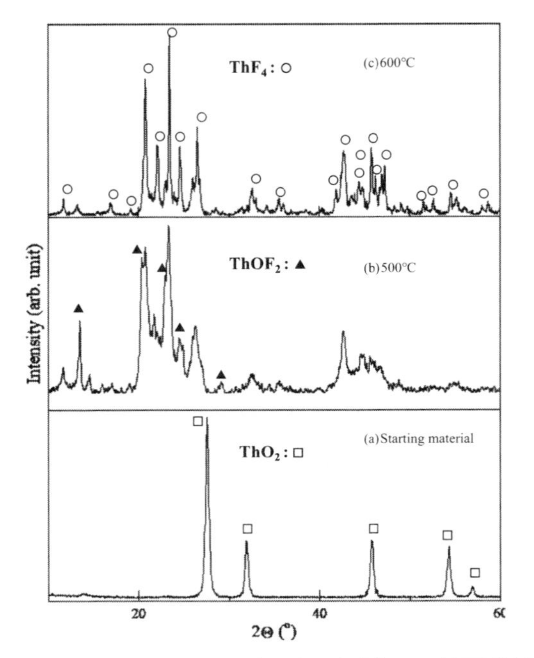

図 4.1　ThO_2 と HF との反応による生成物の X 線回折結果

$$ThO_2 + 4NH_4HF_2 = NH_4ThF_5 + 2H_2O + 3NH_4F \quad (4\text{-}3)$$

$$NH_4ThF_5 = ThF_4 + HF + NH_3 \quad (4\text{-}4)$$

表 4.2 にはトリウム四ハロゲン化物 ThX_4（X = F, Cl, Br, I）の性質を示す。ヨウ化物以外は白色を呈する。密度は塩化物が最も小さく，他は 6 前後である。融点および沸点は ThF_4，$ThCl_4$，$ThBr_4$，ThI_4 の順に低くなる。

次に，Th-F_2-O_2 系の化合物の安定状態を理解するために，熱力学計算ソフト HSC Chemistry を用いて作成した 300℃における Th-F_2-O_2 系化学ポテンシャル図を図 4.2 に示す [8]。横軸および縦軸はそれぞれ，フッ素ポテンシャル（log(P(F_2)(atm))）および酸素ポテンシャル（log(P(O_2)(atm))）を示す。Th の場合には最大価数が（IV）であり，ThF_4 の領域の

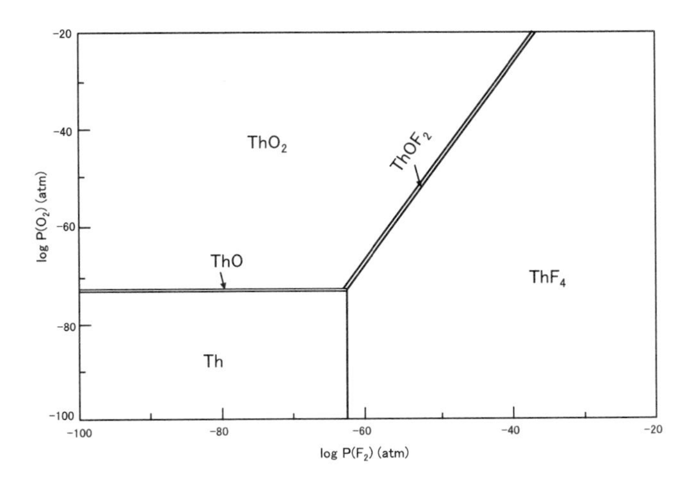

図4.2　Th-F$_2$-O$_2$系化学ポテンシャル図（300℃）[8]

表4.2　トリウム四ハロゲン化物（ThX_4, X = F, Cl, Br, I）の性質

	ThF_4	$ThCl_4$	$ThBr_4$	ThI4
色	白	白	白	黄
密度（g/cm^3）	6.32	4.59	5.77	6.00
融点（℃）	1068	770	679	566
沸点（℃）	1680	921	857	837

み存在する。ウランの場合（ウランの化学（I），第5章，図5.3）[7] と比べると，高級フッ化物は存在しないことがわかる。酸化物では，ThO が極狭い領域に存在し，ThO_2 が安定である。ThO_2 および ThF_4 の間に極狭い $ThOF_2$ 領域がみられるが，高温では ThO_2 と ThF_4 に分解し，消滅する。

また，ThX_4 の結晶学的性質を表4.3に示す。フッ化物およびヨウ化物が単斜晶，塩化物，臭化物が正方晶をとる。塩化物および臭化物では低温型（α）は405℃以上では高温型（β）となる [9, 10]。単位格子内の分子数はフッ化物が12と最も多く，他の場合には4をとる。

表4.3　トリウム四ハロゲン化物の結晶学的性質

化合物	結晶構造	格子定数				単位格子内 ThX_4 数
		a(Å)	b(Å)	c(Å)	β (o)	
ThF_4	単斜晶	13.049	11.120	8.538	126.31	12
β-$ThCl_4$	正方晶	8.491	–	7.483	–	4
α-$ThCl_4$	正方晶	6.408	–	12.924	–	4
β-$ThBr_4$	正方晶	8.971	–	7.912	–	4
α-$ThBr_4$	正方晶	6.737	–	13.601	–	4
ThI_4	単斜晶	13.216	8.068	7.766	98.68	4

4.2　塩化物

トリウム塩化物には $ThCl_2$，$ThCl_3$，$ThCl_4$ がある。$ThCl_4$ は ThO_2 に脱酸剤として炭素または硫黄を添加し，塩素と600～700℃で反応させて得る。

$$ThO_2 + 2C + 2Cl_2 = ThCl_4 + 2CO \qquad (4\text{-}5)$$

$$ThO_2 + S + 2Cl_2 = ThCl_4 + SO_2 \qquad (4\text{-}6)$$

この場合，未反応の ThO_2 や炭素と $ThCl_4$ との分離が難しいので，UCl_4 の精製の場合と同様に試料部の温度を950～1000℃に上げ，揮発した $ThCl_4$ を体温部に凝縮・回収する［6］。調製した $ThCl_4$ は吸湿性が強く，水分と容易に反応して（4-7）式のようにオキシ塩化物（$ThOCl_2$）を生成するので，酸素および水分を除去した雰囲気にて扱う。$ThOCl_2$ はさらに加水分解して ThO_2 になるほか，高温では熱分解により $ThCl_4$ と ThO_2 になる［7］。

$$ThCl_4 + H_2O = ThOCl_2 + 2HCl \qquad (4\text{-}7)$$

$$ThOCl_2 + H_2O = ThO_2 + 2HCl \qquad (4\text{-}8)$$

$$2ThOCl_2 = ThO_2 + ThCl_4 \qquad (4\text{-}9)$$

低級塩化物は $ThCl_4$ の還元により得る。ナトリウムやカルシウムといっ

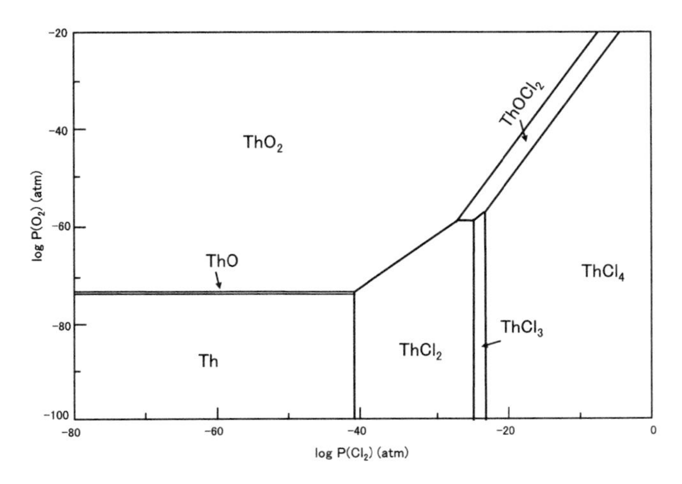

図 4.3　Th-Cl_2-O_2 系化学ポテンシャル図（500℃）[8]

た還元剤の他，溶融塩中における電解還元法もある。

$$ThCl_4 + Na = ThCl_3 + NaCl \quad (4\text{-}10)$$

$$Th^{4+} + e^- = Th^{3+} \text{ in NaCl-KCl} \quad (4\text{-}11)$$

次に，Th-Cl_2-O_2 系の化合物の安定状態を理解するために，熱力学計算ソフト HSC を用いて作成した 500℃における Th-Cl_2-O_2 系化学ポテンシャル図を図 4.3 に示す［8］。横軸および縦軸はそれぞれ，塩素ポテンシャル（log (P (Cl_2) (atm))）および酸素ポテンシャル（log (P (O_2) (atm))）を示す。Th-F_2-O_2 系（図 4.2）と比べると，最大価数が（IV）をとる $ThCl_4$ の他にオキシハロゲン化物の存在は類似している。この他，$TiCl_3$ や $TiCl_2$ の低級塩化物が存在することが分かる。

4.3　臭化物とヨウ化物

臭素やヨウ素はそれぞれ，常温で液体，固体であるため，これらのハロゲン化物は金属とハロゲンの反応により合成する。この場合，封管により低温で長時間かけて合成する。

$$Th+2X_2=ThX_4\ (X=Br, I) \tag{4-12}$$

また，フッ化物や塩化物に比べると，金属－ハロゲン間の結合が弱く，熱分解や不均化反応により金属あるいは低級ハロゲン化物を生成する。当量比のThX_4と金属Thとの混合物を真空封管反応により目的の低級塩化物を得る方法もある。

$$3ThBr_4+Th=4ThBr_3 \tag{4-13}$$

さらに，不均化反応により，低級塩化物と金属を得る。

$$2ThI_3=ThI_2+ThI_4 \tag{4-14}$$

$$2ThI_2=Th+ThI_4 \tag{4-15}$$

4.4　オキシハロゲン化物

4.1で示したように，ThO_2から$ThF4$生成の過程で，オキシフッ化物，$ThOF_2$を生成する。このようにThO_2のハロゲン化やThX_4の酸化において生成する。

$$ThO_2+X_2=ThOX_2+1/2O_2 \tag{4-16}$$

$$ThX_4+H_2O=ThOX_2+2HX \tag{4-17}$$

オキシハロゲン化物は高温で酸化物とハロゲン化物に分解する。

$$2ThOX_2=ThO_2+ThX_4 \tag{4-18}$$

参考文献

[1] L. R. Morss, N. M. Edelstein, J. Fuger eds, "The Chemistry of the Actinide and Transactinide Elements", 4 th edition, Vol.1, Springer, (2011) 78.
[2] M. Benedict, T. H. Pigford, H.W. Levi 著（清瀬量平訳),「核燃料・材料の化学工学」,「原子力化学工学」第II分冊, 日刊工業新聞社, (1984)
[3] 菅野昌義,「原子炉燃料」, 東京大学出版会, (1976)
[4] 内藤奎爾,「原子炉化学」(上), 東京大学出版会, (1978)
[5] 中井敏夫, 斎藤信房, 石森富太郎編,「放射性元素」,「無機化学全書」(柴田雄次, 木村健二郎編), XVII-3, 丸善株式会社, (1974)
[6] 工藤和彦, 田中　知編,「原子力・量子・核融合事典」第V分冊, 丸善出版, (2017)
[7] 佐藤修彰, 桐島　陽, 渡邉雅之,「ウランの化学（I）－基礎と応用－」, 東北大学出版会, (2020)
[8] HSC Chemistry v.10, (2020)
[9] J. T. Mason, M. C. Jha, P. Chiotti, J. Less Common Metals, 34, (1974), 143-151.
[10] J. T. Mason, M. C. Jha, D. M. Baily, P. Chiotti, J. Less Common Metals, 35, (1974), 331-338.

第5章　溶液化学

5.1　イオン交換

トリウム鉱物には ^{232}Th が含まれており，これを精製して得た Th 化合物は，固相調製や溶解度実験，分光法による状態分析など，様々な用途に用いられる。一方，天然ウランである ^{238}U は，アルファ壊変により娘核種 ^{234}Th となる。この ^{234}Th は ^{238}U と放射平衡にあり，Th トレーサーとしての利用価値が高い。なぜなら，Th は4価イオンであり，水溶液内での強い加水分解反応により水酸化物コロイドや沈殿（$Th(OH)_4$）を意図せず生成する可能性があるため，Th 濃度を低く抑えることでその影響を低減しうる有用な同位体だからである。

$$^{232}\mathrm{Th} \underset{1.4\times10^{10}\,\mathrm{y}}{\overset{\alpha}{\rightarrow}} {}^{228}\mathrm{Ra} \tag{5-1}$$

$$^{238}\mathrm{U} \underset{4.5\times10^{8}\,\mathrm{y}}{\overset{\alpha}{\rightarrow}} {}^{234}\mathrm{Th} \underset{24.1\,\mathrm{d}}{\overset{\beta^-}{\rightarrow}} {}^{234}\mathrm{Pa} \tag{5-2}$$

ここでは，イオン交換を用いたウラン試薬からの ^{234}Th のミルキング方法について述べる。イオン交換法の原理やカラムの調製法は，ウランの化学 (II) 第4章 [1] を参考にされたい。なお，得られる ^{234}Th トレーサーは，次節（5.2）で述べるような，溶媒抽出実験に用いることができる。^{234}Th トレーサーの精製フローを図 5.1 に示す。

まず，強塩基性陰イオン交換樹脂（DOWEX 1 × 8 100-200mesh Cl^-型）3g 程度を 1M 塩酸に懸濁し，ポリプロピレン製のカラム（内径 10mm × 高さ 50mm 程度で，樹脂の流出を止めるフィルター付きが望ましい）に充填する。樹脂のコンディショニングとして，これに 5mL の 1M 塩酸（特級試薬が望ましい）で2回，1M 水酸化ナトリウムで2回，超純水で2回，1M 塩酸で2回，8M 塩酸で1回，流下洗浄を行う。次に，8M 塩酸に溶

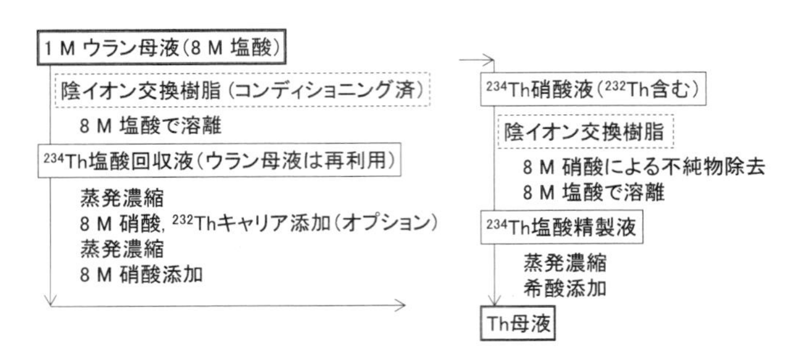

図 5.1　天然ウラン溶液からの ^{234}Th トレーサー精製フロー

かした約 1M のウラン母溶液から，1ml をカラムに添加する。このとき，6 価ウラニルイオンは Cl^- イオンとの陰イオン錯体を形成し，樹脂上層に強く吸着するが，^{234}Th は同錯体とならず吸着されない。そのため，さらに 8M 塩酸 5 ml を流すことで，^{234}Th を酸溶液として溶離回収できる（Th 塩酸回収液）。このまま 10^{-12}M 程度の ^{234}Th トレーサーとして用いることができるが，樹脂に吸着しなかった一部の核種や樹脂の劣化による不純物が混入している可能性があり，必要に応じて更に精製を行う。

^{234}Th 回収液を，酸洗いによりよく洗浄した小さな PFA 製ビーカーに入れて，ホットプレートと赤外線ランプを用いて蒸発濃縮する。塩酸溶液を完全に蒸発させると，固化した Th は再溶解しない恐れがあるので，小さな液滴程度までゆっくり濃縮したところで加熱操作をやめて，適量の 8M 硝酸を加える（Th 硝酸液）。さらに ^{234}Th の 10 ～ 100 倍程度高い濃度になるようキャリアーとしての ^{232}Th 硝酸溶液を微量添加するのがよい。これにより，カラムや回収容器内壁への吸着による ^{234}Th の損失を抑制できる。次に新たにカラム樹脂を準備し，8M 硝酸を用いて先ほどと同様に，コンディショニングを行う。これに Th 硝酸液を加えると，Th は樹脂上層に保持されるので，もう一度 8M 硝酸 5 mL を 2 回流すことで不純物を排出できる。さらに今度は，8M 塩酸溶液を流して不純物の少ない Th として溶離回収する（Th 塩酸精製液）。

なお，この後，8M塩酸を中和する目的で水酸化ナトリウム溶液を加えることには注意を要する。高濃度の水酸化ナトリウムを加えると，水溶液内に局所的にpHの高い部分ができ，そこで再溶解し難い水酸化物コロイドなどが生成する恐れがある。代案として，上述の方法でTh塩酸精製液を乾固の手前まで蒸発濃縮させて，そこに希酸を加えることができる（Th母液)。但し，異なる種類の酸が混合することになるため，その後の実験系において影響を及ぼす可能性をあらかじめ確認すべきである。

5.2　溶媒抽出

5.1節で述べた^{234}Thトレーサーを用いる溶媒抽出法について述べる。まず重要なことは，溶媒抽出に用いる器具の洗浄である。トレーサー量の4価トリウムイオンと様々な不純物との相互作用は，実験結果に無視できないばらつきや誤差を生じさせる。実験容器の洗浄方法の流れとして，例えば，少量のエタノールによる脱脂，超純水による洗浄，3M塩酸による加熱浸漬（6時間)，さらに3M硝酸で加熱浸漬（6時間)，最後に超純水で洗浄し，容器にホコリが入らない方法で風乾するとよい。

ここでは，有機相であるキシレンに抽出剤として4,4,4-trifluoro-1-(2-thienyl)-1,3-butanedione(HTTA）を所定濃度添加し，水相からThを疎水性の高い$Th(TTA)_4$として正抽出する（この際，Thの抽出率はpHやイオン強度により異なる)。図5.2に示すように，分配比Dは，所定時間振とうした後，抽出平衡に達した際の水相および有機相中のTh濃度の比で表される。そこで，両相から液の一部をマイクロピペットで採取し，それぞれポリプロピレンチューブに入れた。水相のpHを測定した後，Ge半導体検出器を用いて両相の^{234}Thが放出する92.8 keV付近のγ線ピーク強度を測定した。なお，検出器のエネルギー校正や検出効率（水，キシレン溶媒の影響)，半減期補正などは別途評価する必要があるが，詳細は他書に譲る。得られた結果をもとに分配比Dを求めることができる。

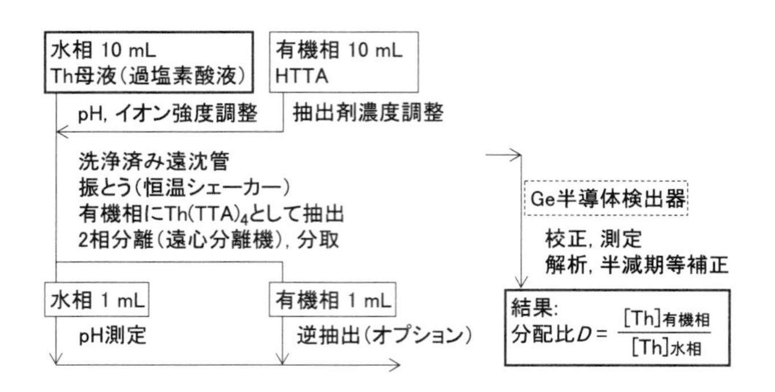

図 5.2　トレーサー ^{234}Th を用いる溶媒抽出実験フローの例

5.3　固液分離

4価トリウムは，中性pHからアルカリ性pHにおいて，他の4価金属イオンと同様，強い加水分解反応を示し，水酸化物コロイドや不定形（アモルファス）水酸化物沈殿を生じる。中性pHからアルカリ性pHにおけるアモルファス水酸化物（$Th(OH)_4(am)$）の溶解度は 10^{-8}M 程度と非常に低く，精確な溶解度測定には，固液分離に細心の注意を払う必要がある。

$Th(OH)_4(am)$ の溶解度測定を行うための試料溶液調製法には，過飽和法と不飽和法がある。過飽和法では，硝酸トリウムなど可溶性の試薬からトリウムの酸性母溶液（$[^{232}Th] = 10^{-2}$M 程度）を調製し，NaOH などのアルカリを加えることにより $Th(OH)_4(am)$ を所定のpHで沈殿させ，試料溶液とする。過飽和法により試料溶液を調製する場合は，$Th(OH)_4(am)$ を沈殿させる過程において，多核の Th 加水分解種や数 nm 程度の水酸化物コロイドの生成を伴う。後述の固液分離法を用いても多核加水分解種や水酸化物コロイドの一部は，溶液側に含まれるため，溶解度は“見かけの溶解度”と考える必要がある。一方，不飽和法では，トリウムの酸性母溶液にアルカリを加えて $Th(OH)_4(am)$ を沈殿させた後，デカンテーションによって上澄み液を除去し，さらに純水を用いて $Th(OH)_4(am)$ を数回，洗浄する。その後，得られた $Th(OH)_4(am)$（図5.3）をpHやイオン

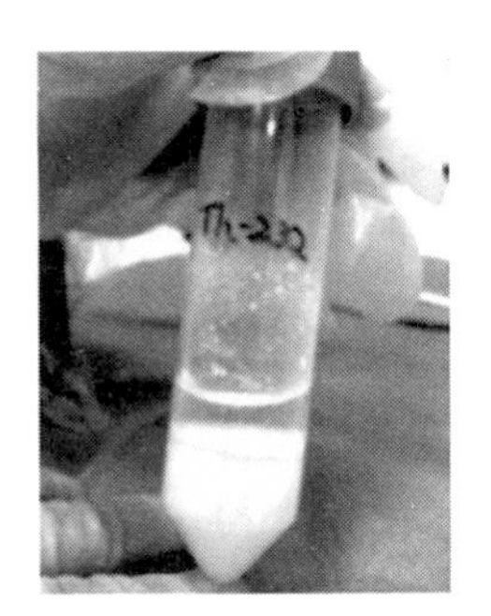

図5.3　$^{232}Th(OH)_4(am)$ 沈殿

強度を調整した試料溶液に加える。不飽和法により試料溶液を調製する場合は，過飽和法に比べて，多核加水分解種や水酸化物コロイドの溶解度への寄与を抑えることができるが，沈殿させた $Th(OH)_4(am)$ を乾燥させると固相の状態が変化してしまうことがある。過飽和法と不飽和法による試料溶液の調製は，原理的には同じ平衡溶解度に行き着くはずであるが，上述の多核加水分解種や水酸化物コロイドの影響の他，固相状態のわずかな違いや速度論などから同じ値にならないことが多い。このため，それぞれの溶解度に含まれるTh化学種や固相状態の丁寧な把握が重要となる。

過飽和法または不飽和法によって調製した試料溶液を数週間程度置いた後，溶解度を測定する。試料溶液のpHを確認した後，少量の上澄み液をピペットで分取し，限外ろ過する。上澄み液を分取する際は，浮遊物や沈殿を取ってしまう可能性がある液面や底部を避け，静置した試料溶液の液面から1，2cm下から採取することが望ましい。水酸化物コロイドの影響を出来る限り排除したい場合は，目の細かい分画分子量3,000や10,000のフィルター（Amicon Ultra，ミリポアなど）を用いる。孔径の異なるフィルターを用いてろ過することで，試料溶液中に含まれるコロイドの影響やその大まかな粒径分布を得ることもできる。Amicon Ultra限外ろ過フィルターユニットの場合，上澄み液0.5mLをろ過できるようになっている。目

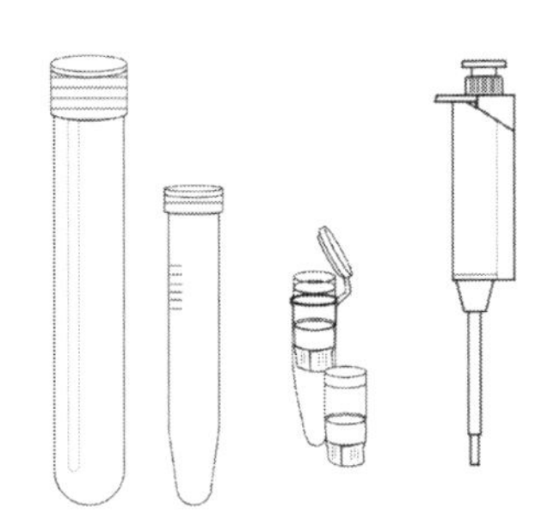

図 5.4　溶解度実験の限外ろ過に必要なもの一覧
（左：テフロン製サンプルチューブ，中央：限外ろ過フィルター，右：ピペット）

の細かい分画分子量のフィルターを用いる場合，少量の上澄み液がフィルターユニット内に残るため，ろ液0.3mLを回収し，速やかに酸を加え，酸性溶液とし，その後の濃度分析に用いる。図5.4にThの溶解度実験において用いる実験器具類の一覧を示す。

また，$Th(OH)_4(am)$ は水溶液下での加熱や長期のエージングによって脱水，結晶化が進行し，酸化物（$ThO_2(cr)$）へと変遷する。過飽和法により中性pH条件下で生成した $Th(OH)_4(am)$ を含む水溶液を90℃で3～6週間程度エージングすると，$ThO_2(cr)$ に相当する位置にブロードな回折ピークが表れる [2]。このように，$Th(OH)_4(am)$ は，試料溶液のエージングの他，調製方法などの条件によって固相状態が変化し，文献によって ThO_2 (am, hyd, fresh) や ThO_2 (am, hyd, aged)，ThO_2-nH_2O (am)，また，結晶化が進行した ThO_2 (mycrocryst.) や完全に結晶化した ThO_2 (cr) など様々な固相が報告されている [3]。固相状態が異なるトリウム水酸化物，酸化物では，その溶解度も異なるが，その変化傾向に対して，固相粒子の大きさに基づく解釈（粒子サイズ効果）が提案されている [3]。これは，下式のように，固相粒子の大きさ（d）が小さいほど生成自由エネルギー（$\Delta_f{}^0G_m(A)$）が大きくなり，高い溶解度積（$K_S{}^0(A)$）を示すものであり，上述のような様々な固相の溶解度積に対する解釈に用いられている。

$$\Delta_f G^0{}_m(\mathrm{A}) - \Delta_f G^0{}_m(\mathrm{A}\to 0) = RT\ln\left(K_S{}^0(A)/K_S{}^0(\mathrm{A}\to 0)\right)$$
$$= 2\gamma \mathrm{M}\alpha/3\rho d \qquad (5\text{-}3)$$

（A：単位モルあたりの表面積，R：気体定数，T：温度，
γ：表面張力，M：分子量，ρ：密度，α：定数）

トリウムの溶液化学にとって重要な固相は，上述のように水酸化物と酸化物であるが，いくつかの溶液条件下では，炭酸塩や硝酸塩などの生成が報告されている。例えば，炭酸イオンを含む溶液からTh炭酸塩を沈殿させる場合，$ThOCO_3(s)$ や $Th(CO_3)_2(s)$ といった化合物ではなく，カチオンを含んだ $Na_6[Th(CO_3)_5]\cdot 12H_2O(s)$ や $K_6[Th(CO_3)_5]\cdot 12H_2O(s)$ などの生成が報告されている [3]。一方，トリウムの硝酸塩や塩化物塩などを水溶液から沈殿させることは難しく，予め調製した硝酸塩や塩化物塩を水溶液に溶解する際の反応を調べることで，エンタルピーやエントロピーの値が報告されている [3]。

5.4　評価方法

トリウムの濃度分析法には，5.2節で述べたGe半導体検出器の他，アルファ線スペクトロメトリーやICP質量分析などの方法がある。ここでは，溶解度実験において固液分離した後のICP質量分析による ^{232}Th濃度測定について紹介する。ICP質量分析の原理やその詳細については，他書を参考にされたい。

限外ろ過法により固相を分離した ^{232}Th ろ液0.3mLに0.1M硝酸2.4mLを加え，硝酸酸性の溶液とする。ICP質量分析装置（Elan DRCⅡ，Perkin Elmer）の ^{232}Th の測定範囲は，数10pptから数10ppbであるため，試料溶液の予想される濃度がおよそこの範囲に入るように，0.1M硝酸を用いて希釈する。また，イオン強度の調整などにより試料溶液に高濃度の塩（Naなど）が含まれる場合，ICP質量分析において感度が低下したり，質量分析装置のスキマーコーンに塩が析出したりするため，必要に応じてさらに希釈する。ICP質量分析では，Thがサンプリングノズルや送液チュー

ブの内壁に付着することによるメモリー効果が現れる。特に，濃度が高い試料を測定した後は，洗浄時間を長く取ったり，ブランク試料を測定するなど，ICP 質量分析のカウントが十分低下してから次の試料を測定する。

5.3節の溶解度実験において分離した$Th(OH)_4(am)$の固相分析には，X 線回折や電子顕微鏡による観察の他，XAS や小角散乱，熱分析，元素分析など様々な分析手法がある。遠心沈降によって分離した固相を常温で乾燥させ，粉末X線回折法で測定すると，アモルファス成分を示すブロードなハローパターンが得られる。

5.5　濃厚電解質

トリウムが溶液中で存在する原子価は（Ⅳ）のみである。電解質水溶液中では前述のように水酸化物を形成している場合が多い。一方，$CaCl_2$ $6H_2O$（おおよそ 7 M $CaCl_2$）あるいは$Ca(NO_3)_2$ $4H_2O$のような電解質の濃度が極端に高いとき，溶液中の水分子は電解質中のイオンとの水和に消費されるため，希薄な電解質水溶液と異なる錯体生成あるいは化学挙動を示すことがある［4,5］。水和物中で f 元素の活量係数の特徴的な変化を明らかにするためにいくつかの分光化学的な解析が行われてきた［6,7］が，ここでは XAFS（X 線吸収微細構造）による濃厚塩化物電解質中のTh^{4+}の第一配位圏のCl^-あるいはH_2Oの数や距離の変化についてU^{4+}のそれと対比させながら述べる［8］。なお，XAFS 測定の原理［9, 10］及び放射線管理上のサンプルの取り扱い及び輸送［1］については成書を参照されたい。

図 5.5 の左図は，各種溶液中での Th の L_{III}吸収端（16.27 keV）付近の EXAFS（広域X線吸収微細構造）スペクトルである。図 5.5 右図は，左図の EXAFS 振動をフーリエ変換した動径構造関数である。過塩素酸系はClO_4^-の配位能が水和水よりも弱いため，第一配位圏に水和水のみが存在する錯体構造を評価する際に最適である［11］。1.5 M $HClO_4$中でのTh^{4+}の EXAFS スペクトルは 1 つの振動パターンで $R+\Delta=1.92$ Å にピークが観察された。これはTh^{4+}に第一次配位圏において球面状に配位している

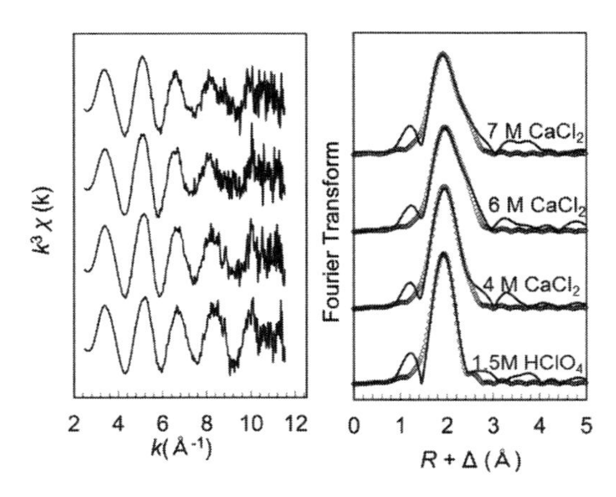

図5.5　各種溶液中での Th(IV) の EXAFS 振動（左）及びフーリエ変換後の動径構造関数（右）

水分子の酸素原子に起因する。1.5M $HClO_4$ 中では，Th^{4+} から2.41Å の距離に水分子の配位数（N_O）は平均9.6個であった。この結果は同じ溶液条件で測定した Moll らの結果［12］よりやや小さい。1.5M $HClO_4$ 中での U^{4+} の EXAFS スペクトル（図5.6）の解析の結果2.40Å の距離の N_O は9であった。Th-O 及び U-O の距離はほぼ等しいが，Th^{4+} の N_O は U^{4+} のそれに比べてやや大きい。

4M から7M までの $CaCl_2$ に溶存する Th^{4+} について XAFS 測定を行い，上述の解析手法と同様に解析し，Th^{4+} の第一配位圏に位置する，N_O 及び Cl の配位数（N_{Cl}），及び Th^{4+} から O 及び Cl の距離をそれぞれ評価した。EXAFS 振動パターンは Cl^- 濃度が4から7M へ増加するに伴い，徐々に変化した。カーブフィッテングの結果 Th^{4+} における N_{Cl} は1.5から1.9へわずかに増加した一方，N_O は8.8から7.6へ減少した（図5.7）。$CaCl_2$ が高濃度になるに伴い Th の配位座は H_2O から Cl^- に置換されるものの，配位数の総数には変化がない。一方，U^{4+} については Cl 濃度が増加するとともに N_{Cl} は増加し，N_O は減少した。$CaCl_2$ 中では，Th-Cl の距離（2.74 ± 0.02Å）は明らかに U-Cl のそれ（2.67 ± 0.02Å）に比べて長い。一方，

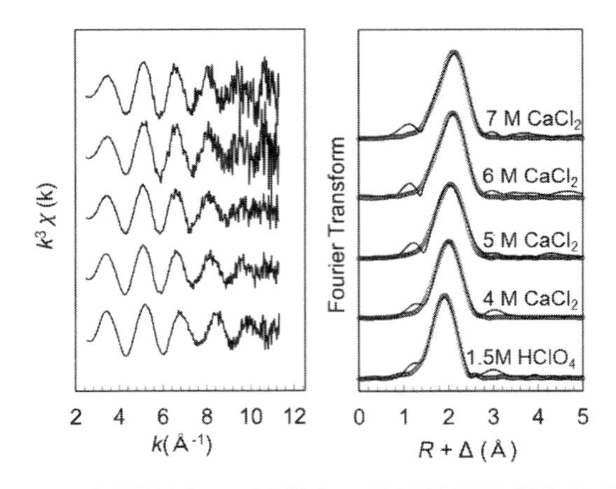

図5.6　各種溶液中でのU（IV）のEXAFS振動（左）及びフーリエ変換後の動径構造関数（右）

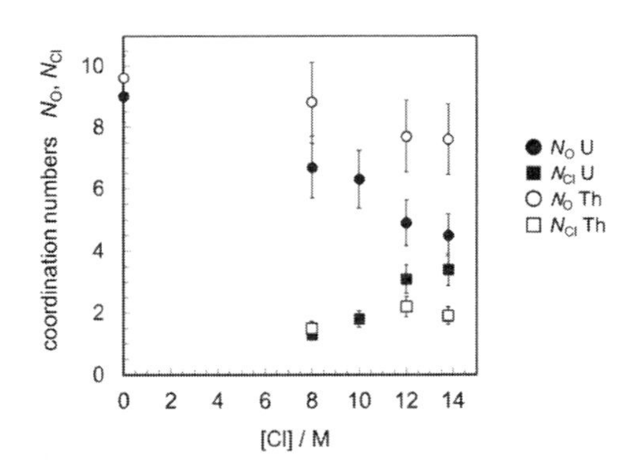

図5.7　Cl濃度に対するTh及びUに配位したCl^-及びH_2Oの数

Th-O距離はU-O距離とほぼ一致した（2.42 ± 0.02Å）。これらの結果は，濃厚塩化物水溶液中でもTh^{4+}の水和はU^{4+}のそれにくらべて強いことを示す。Th^{4+}の配位数はU^{4+}に比べて大きいため，Th^{4+}の$N_O + N_{Cl}$ (9.5) は，明らかにU^{4+}のそれ（7.9）に比べて高い。

参考文献

［1］ 佐藤修彰，桐島陽，渡邉雅之，佐々木隆之，上原章寛，武田志乃，「ウランの化学(II)－方法と実践－」東北大学出版会，(2021)

［2］ T. Kobayashi, T. Sasaki, I. Takagi, H. Moriyama, J. Nucl. Sci.Technol., 53, (2016) 1787-1793.

［3］ M. Rand, J. Fuger, I. Grenthe, V. Neck, D. Rai : Chemical Thermodynamics of Thorium. In: Chemical Thermodynamics (Eds.: Mompean, F.J. et al.) Vol.11. Elsevier, Amsterdam (2009)

［4］ H. Yamana, T. Kaibuki, Y. Miyashita, S. Seiichi, H. Moriyama, J. Alloys Compd., 271-273 (1998) 707-711.

［5］ A. Uehara, O. Shirai, T. Fujii, T. Nagai, H. Yamana, J. Appl. Electrochem., 42 (2012) 455–461.

［6］ T. Kimura, Y. Kato, J. Alloys. Compd., 278 (1998) 92.

［7］ T. Fujii, H. Asano, T. Kimura, T. Yamamoto, A. Uehara, H. Yamana, J. Alloys Compd., 408-412 (2006) 989-994.

［8］ A. Uehara, T. Fujii, H. Matsuura, N. Sato, T. Nagai, K. Minato, H. Yamana and Y. Okamoto, Proc. Radiochim. Acta, 1 (2011) 161-165.

［9］ 日本XAFS研究会，XAFSの基礎と応用，講談社，(2017)

［10］ 辻幸一，村松康司，X線分光法，講談社 (2018)

［11］ L. Sémon, C. Boehme, I. Billard, C. Hennig, K. Lützenkirchen, T. Reich, A. Roßberg, I. Rossini, and G. Wipff, Chem. Phys. Chem., 2 (2001) 591.

［12］ H. Moll, M. A. Denecke, F. Jalilehvand, M. Sandstrom, and I. Grenthe, Inorg. Chem., 38 (1999) 1795.

第6章　トリウムサイクル [1-11]

6.1　トリウムサイクルの特徴

トリウム用いるサイクルはウランのサイクルと異なり，以下のような特長がある。

・核反応において Pu や Am，Cm 核種を生成しない。

・Th 資源は U 資源の 4 倍豊富である。

一方，課題としては

・トリウム化合物が安定であり，処理が難しい。

・天然には ^{232}Th が 100%であり，直接核分裂に寄与しない。

これらを勘案しながら，溶融塩炉や高温ガス炉などの炉型や，それに伴う使用済核燃料の再処理法，生成する ^{233}U 核分裂性核種のリサイクル，U-Th 系システムや U-Pu 系システムとの組み合わせなどが検討されてきた。

表 6.1 には U-Th-Pu 系に関わる主な核分裂性核種の核的特性を示す。まず，核反応を起こすには中性子吸収断面積（σ_a）が大きいことが必要であり，^{239}Pu が最も大きく，^{235}U の 2 倍近くになる。ここで，σ_a は核分裂断面積（σ_f）および捕獲断面積（σ_γ）の和であらわされ，実際 ^{239}Pu の σ_f が最も大きいが，一方で σ_γ も大きく，その比 $a = \sigma_\gamma / \sigma_f$ を比べると，^{233}U の 4 倍にもなる。次に，核分裂反応を連鎖的に持続させるには核分裂後に発生する中性子数が多い方がよい。軽水炉では核分裂後の高速中性子を減速した熱中性子を利用するが，熱中性子による核分裂当たりの中性子発生数を比べると，^{235}U よりも ^{239}Pu が大きく，さらに ^{233}U の場合が最も多い。また，高速中性子による発生数をみてみると，^{239}Pu が 2.49 と最も大きく，^{235}U の 2 倍近くになる。一方，^{233}U の場合は 2.37 と ^{239}Pu と同程度であり，高速炉の利用においても有利である。これらのことは中性子の核分裂への利用効率を考えると，^{233}U が最も適しており，トリウムサイクルが有効であることを示している。

表 6.1　主な核分裂性核種の核的特性

		^{233}U	^{235}U	^{239}Pu
吸収断面積　（σ_a：barn）		578	678	1013
核分裂断面積（σ_f：barn）		531	580	742
捕獲断面積　（σ_γ：barn）		47	98	271
$a = \sigma_\gamma / \sigma_f$		0.089	0.169	0.366
核分裂当たりの中性子発生数		2.487	2.423	2.880
吸収当たりの中性子発生数	熱中性子	2.29	2.08	2.12
	高速中性子	2.37	1.39	2.49

表 6.2　HTGR および FBR の中性子スペクトルに対する平均核分裂中性子発生数

核種	HTGR	FBR
^{233}U	2.24	2.31
^{235}U	1.95	1.93
^{239}Pu	1.78	2.49

さらに，表 6.2 には HTGR および FBR の中性子スペクトルに対する ^{233}U，^{235}U，^{239}Pu の平均核分裂中性子発生数を示す。HTGR では，^{233}U の場合に 2 を超えるものの，^{235}U や ^{239}Pu では 2 以下である。FBR の場合には ^{233}U や ^{239}Pu では 2 を大きく超えるものの，^{235}U は適さないことがわかる。

次にトリウム燃料原子炉における核反応について述べる。図 6.1 にはトリウム燃料原子炉における主な核反応と核種生成について示す。非核分裂性核種である天然の ^{232}Th は中性子捕獲反応により ^{233}Th を生成し，半減期 22 分の β 崩壊により ^{233}Pa となる。さらに半減期 27 日の β 崩壊により核分裂性の ^{233}U を生成する。^{233}U の核分裂断面積 531b に対し，捕獲断面積が 48b であり，一割程度の ^{233}U は（n, γ）反応により ^{234}U を生成し，さらに ^{235}U を生成する。一方，途中で生成した ^{233}Pa についても（n, γ）反応により ^{234}Pa を生成し，さらに ^{235}U を生成することになる。^{235}U 以降は（n, γ）反応を繰り返し，最終的には ^{237}U の β 崩壊により ^{237}Np を生成し，Pu 以降のアクチノイドを生成しない。

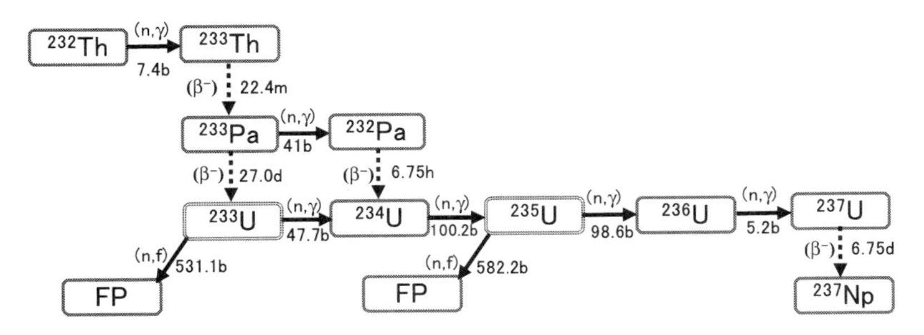

図6.1　トリウム燃料原子炉における主な核反応

表6.3　トリウム原子炉の例

	炉型	燃料	冷却材/減速材	出力 (MWe)	名称，国	運転期間
①	HTGR	Th ＋ HEU 被覆粒子	He/黒鉛	300	THTR, Germany	1985-89
②	HTGR	Th ＋ HEU 酸化物	He/黒鉛	330	Fort St. Brain, U.S.A.	1976-89
③	PWR	Th ＋ ^{233}U/ Th ＋ Pu 酸化物	軽水/軽水	100	Sippingport, U.S.A.	1977-82
④	MTR	^{233}U-Al 合金	軽水/軽水	0.03	KAMINI, India	1996-現在
⑤	MSRE	LiF(65)－BeF_2(29.1)－ZrF_4(5)－$^{233}UF_4$(0.9) 溶融塩/黒鉛		7.5(MW_{th})	ORNL, USA	1964-69

次に，これまで開発されてきたトリウム原子炉の例を表6.3に示す。高濃縮ウラン（HEU）燃料にトリウムをブランケット材に使用した高温ガス炉が初期に開発された。続いて，二つのタイプのMOX燃料，すなわち，ThO_2 ＋ $^{233}UO_2$ と ThO_2 ＋ PuO_2 燃料用いたPWRが開発された。また，インドでは，Th燃料より回収した ^{233}U をAlとの合金燃料として利用する小型軽水炉を長期間運転している。6.5節で取り上げるが，フッ化物溶融塩を燃料や冷却材として用いる航空機用原子炉（Aircraft Reactor Experiment）が米国で開発・運転され，増殖炉の概念設計まででで終わっている。現在では，インドにおいてトリウムサイクルに関わる開発が積極的

に進められており，6.6節で紹介する。

6.2　製錬

(a) 粗製錬

トリウムの主な資源はモナザイト等希土類鉱石である。軽希土を主体とするバストネサイトには余り含まれないが，イットリウム他重希土を含むモナザイトに随伴する。モナザイトは砂状鉱床として，イルメナイトやジルコンなどを含む重砂として海岸部に堆積している。重砂鉱床より，選鉱によりモナザイト精鉱を得る。これを熱濃硫酸で溶解後，アンモニアを添加してpH1.0に調整し，トリウムを水酸化物として沈殿させ，ろ過分離する。この沈殿を再度硝酸溶解し，溶媒抽出により分離し，逆抽出後，硝酸トリウムを得る（図6.2)。一方，希土類を含むろ液の方はpH調整により沈殿とし，回収する。この際，ウランはウラニルイオンとしてろ液に分離されるので，アンモニアによるpH調整後，ADUの沈殿として回収する。

熱濃硫酸による鉱石中の各成分の溶解反応は以下のようになる。

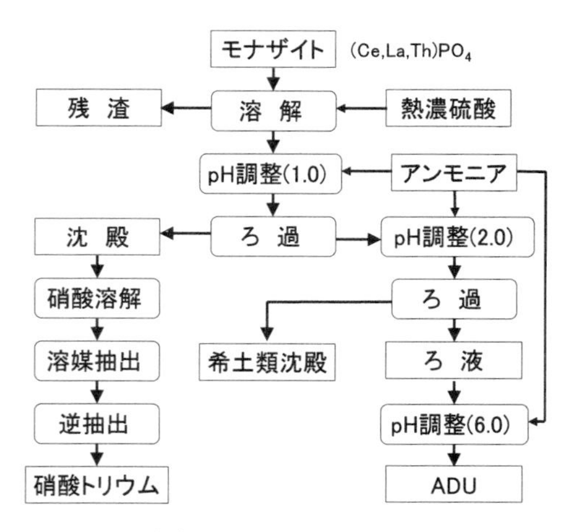

図6.2　硫酸を用いるトリウム鉱石の粗製錬

$$ThSiO_4+2H_2SO_4=Th(SO_4)_2+SiO2+2H_2O \quad (6\text{-}1)$$

$$2R(PO_4)+3H_2SO_4=3Th(SO_4)_3+2H_3PO_4 \quad (6\text{-}2)$$

$$Th_3(PO_4)_4+6H_2SO_4=3Th(SO_4)_2+4H_3PO_4 \quad (6\text{-}3)$$

(b) 精製錬

トリウムの精製には有機溶媒抽出法やイオン交換樹脂法がある。ウランの場合のPurex法と同様に，硝酸溶液からTBPを含むケロシン溶媒を用いて $Th(NO_3)_4$・2TBPとして有機相中へ抽出し，その後，水相中へ逆抽出する。原料鉱石中にウランが含まれていると，トリウムより容易に抽出されるので，逆抽出工程を二段に分け，0.2N硝酸でThを逆抽出後，純粋によりUを逆抽出する。TBPの代わりにD2EHPAを用いた場合には硫酸酸性下でもTh抽出が可能であり，この方法はDapex法と呼ばれる。この他，抽出剤にアミンを用いるAmex法でも硫酸溶液からThを分離精製できる。

一方，イオン交換樹脂法では，Dowex50のような陽イオン交換樹脂を用いて，混合塩化物溶液からThと希土類元素の分離・精製を行うことができる。製錬工程から出てくる硝酸溶液を空気中で加熱・分解させて ThO_2 を得る方法がある。この他硝酸溶液にシュウ酸を加え，沈殿を得る。このシュウ酸塩を空気中，700℃で焙焼して ThO_2 とする方法もある。

6.3　酸化物燃料

トリウム酸化物燃料は軽水炉および重水炉への利用がある。前者は既存の軽水炉における濃縮U（^{235}U + ^{238}U）との混合燃料である。後者は主にインドですすめているトリウムサイクルに関わるもので，^{233}U との混合燃料である。ここでは，最初に軽水炉における混合酸化物燃料について述べ，その後，インドで開発されたCAP（Coated agglomerate pelletization）プロセスについて紹介する。

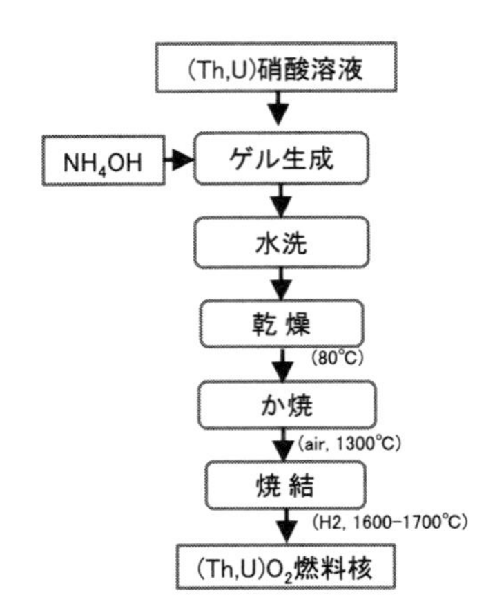

図 6.3　(U, Th) O_2 燃料の製造フロー例

(a)（U, Th）O_2 燃料

図6.3に（U, Th）O_2燃料の製造フローの例を示す。トリウムイオン（Th^{4+}）およびウラニルイオン（UO_2^{2+}）を含む硝酸溶液にアンモニアを添加し，水酸化物ゲルを生成する。水洗および 80℃での乾燥後，空気中 1300℃にてか焼して，酸化物とする。続いて，水素雰囲気，1600 － 1700℃にて還元処理して，(Th, U) O_2 固溶体燃料を得る。

UO_2 に ThO_2 を添加して固溶体燃料とした場合，UO_2 － ThO_2 擬二元系の固相―液相の状態は図 6.4 のようになる。融点 2850℃をもつ UO_2 に対し，融点 3390℃の ThO_2 を添加すると PuO_2 量とともに連続的に上昇する。また，格子定数も UO_2 (5.470 Å）に対して，ThO_2 (5.592 Å）は大きくなる。ThO_2 量の増加とともに化学的には安定し，再処理の硝酸溶解条件が厳しくなる。

(b)（Th, ^{233}U）O_2 燃料

インドでは ThO_2 燃料の重水炉を稼働させており，炉内にて ^{233}U が生成される。この使用済核燃料から再処理により ^{233}U を分離・回収し，（Th, ^{233}U）O_2 燃料を製造している。そのため，CAP（Coated agglomerate pelle-

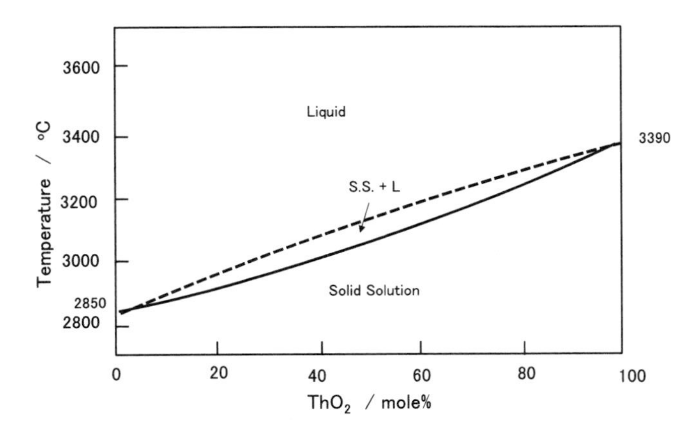

図6.4　UO_2 − ThO_2 擬二元系の固相—液相の状態図［11, 一部改変］

tization）プロセスを開発しており，図6.5にはCAPプロセスのフローを示す。フレッシュな ThO_2 原料（− 40 mesh）に有機バインダーを添加してペースト状にし，ロール成形器で球状に成型・分級後，乾燥して ThO_2 凝集体を製造する。ここまでの作業はα線防護程度の通常グローブボックス内で行う（図6.5左側）。以降の作業は ^{233}U を扱うので，γ線遮蔽したグローブボックスで行う（図6.5右側）。まず，ThO_2 凝集体と所定量（4％ U_3O_8）の $^{233}U_3O_8$ 粉末（比表面積：2.15 m^2/g）をドラムに入れ，遊星ミルにて混合・回転させて，ThO_2 凝集体表面に $^{233}U_3O_8$ 粉末を被覆する。この凝集体を多段型プレスにて成型し，グリーンペレット（～2mmϕ）を得る。ペレットを空気中，1450℃にて8時間焼結させ，$^{233}UO_2$ を4％含有する ThO_2 混合燃料ペットを得る。ペレット密度は理論密度の90 − 95％であった。

ThO_2 − UO_2 系MOX燃料の焼結条件と密度について表6.4に示す。

添加剤を入れず1600℃で焼結した場合には，理論密度の80％であるが，MgOを0.05％添加して1700℃で焼結すると90％まで上昇し，さらに Nb_2O_5 を同量追加した場合には，94％となった。これら添加剤が粒界中に分散し，隙間を埋めることで，密度が高まったものと思われる。

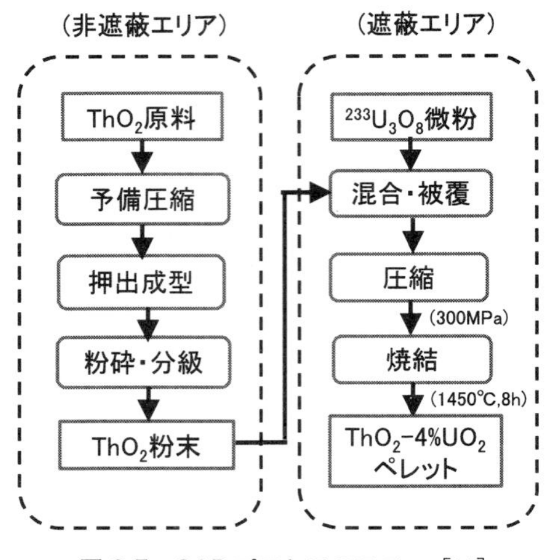

図 6.5　CAP プロセスのフロー［11］

表 6.4　ThO_2 − UO_2 含有 MOX 燃料の焼結特性

MOX 燃料	添加剤	焼結温度（℃）	焼結密度（% T.D.）
ThO_2 − 20%UO_2	−	1600	80
	0.05% MgO	1700	90
	0.05% MgO − 0.05% Nb_2O_5	1700	94

6.4　溶融塩燃料

(a) フッ化物燃料

溶融塩炉では，トリウムフッ化物（ThF_4）を溶融塩中に溶解し，液体燃料として使用する。フッ化物の合成については本書 5.2 節を参照されたい。工業的な合成法には，(1) 乾式法と (2) 湿式法がある。乾式法では，HF と 550℃で反応させて ThF_4 を得る。

$$ThO_2 + 4HF \rightarrow ThF_4 + 2H_2O \qquad (6\text{-}4)$$

これに対し，湿式法では，硝酸溶液中にフッ酸を添加し，ThF_4 の水和物沈殿（$ThF_4 \cdot xH_2O$）を得る。ウランの場合には，複数の原子価をもつイオンが混在するが，この場合にはTh^{4+}のみであり，酸化・還元等価数調整の手順は不要となる。乾燥後，真空中300℃で加熱・脱水して乾燥ThF_4とする。

$$Th^{4+} + 4HF \rightarrow ThF_4 + 4H^+ \quad (6\text{-}5)$$

(b) 溶融塩炉

加圧水型軽水炉は潜水艦用に開発されたのと同様に，溶融塩炉は航空機搭載用原子炉として検討された。米国ORNLにおいて，溶融塩実験炉（MSRE：Molten Salt Reactor Experiment）の開発が進められ，UF_4を燃料としてフッ化物溶融塩（LiF-BeF_2-ZrF_4-UF_4）を用いる実験が行われた。主なフッ化物溶融塩の性質を表6.4に示す。ベースとなるLiF-BeF_2（Flibe）について，LiF-BeF_2擬二元系の共晶は50mole% BeF_2にあり，共晶温度は350℃と低いが，この温度付近では粘性が高く，流動性に問題がある。LiF濃度が高い66mole% LiF-34mole% BeF_2を採用している。MSREでは，このFlibeにThF_4の模擬としてのZrF_4およびUF_4を添加し，低融点，低粘性の溶融塩を使用した。MSREは原型炉に相当し，発電設備はもたないものの，4年間の運転を終了した。その後，溶融塩増殖炉（MSBR：Molten Salt Breeder Reactor）の概念設計がなされ，表6.5示す燃料を採用している。ここでは増殖のため，ThF_4を添加している。

溶融塩炉システムの概念図を図6.6に示す。炉心には黒鉛減速を配置し，その中を溶融塩が流れ，^{235}Uによる核分裂を起こす他，^{232}Thが^{233}Paを経て^{233}Uとなる。炉心で暖められた溶融塩は外部へ移動し，蒸気発生器にて熱交換して発電用タービン駆動用の水蒸気を生成する。燃焼が進むと溶融塩内の^{235}Uや^{232}Thが減少し，FPの他^{233}Pa，^{233}Uが蓄積する。一定期間運転後に，溶融塩を再処理系へ移動し，液体金属と接触させて上記元素を液体金属中へ抽出・分離する。精製した溶融塩を炉心へ戻す。液体金属中のFPや核物質は別途分離して，放射性廃棄物として処理する。

表 6.5　トリウム原子炉用フッ化物溶融塩の例

燃料	Flibe	MSRE 燃料	MSBR 燃料
組成（mol%）	LiF(66) /BeF_2(34)	LiF(65)/BeF_2(29.1) /ZrF_4(5)/UF_4(0.9)	LiF(71.7)/BeF_2(16) /ThF_4(12)/UF_4(0.3)
融点（℃）	459	434	500
密度（g/cm^3）	1.94(700℃)	2.27(600℃)	3.35(600℃)
熱容量（J/g K）	2.34	1.97	1.38
粘度（mPa・s）	5	9	12
熱伝導度（W/℃ m）	1.0	1.4	1.1

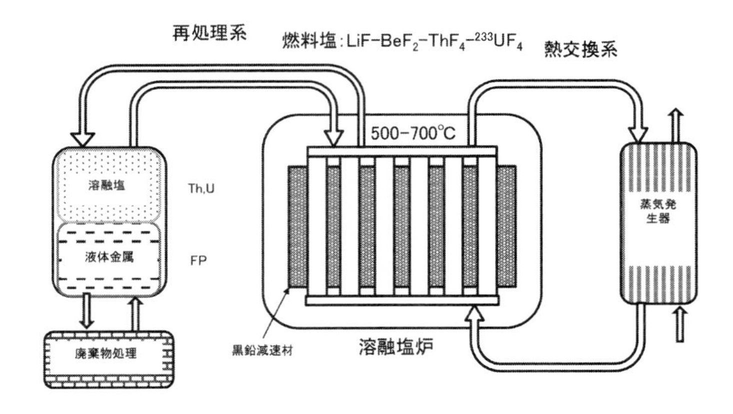

図 6.6　溶融塩炉システムの概念図

MSBRの開発は中止されたが，日本における「FUJI」の他，中国やヨーロッパにおいて溶融塩炉の開発研究が継続されている。溶融塩を一次系，二次系と分割する案や，フッ化物溶融塩の他，塩化物乾式再処理法で開発されてきている塩化物溶融塩を用いる方法が提案されている。

6.5　再処理

(a) 酸化物燃料

ウラン酸化物より化学的に安定なトリウム酸化物を含むとPurex法等で採用されている3N-HNO_3では溶解しにくくなるので，硝酸濃度を高くする他，溶解温度を上げ，また，溶解時間を長くして，使用済み酸化物核燃料の再処理を行っている。溶解後には，^{233}Uを分離・回収して$^{233}UO_2$燃料とし，再度原子炉で燃焼させることも行っている。

(b) フッ化物燃料

フッ化物燃料の場合は固化後では安定なフッ化物であり，湿式法による再処理では，溶解が難しいことや，フッ酸の発生があり，得策ではない。むしろ，運転中の溶融状態のまま，炉外に取り出し，溶融金属と接触させて液液間抽出によりFPや燃料成分を分離・回収する方法が主に検討される。また，溶融塩の条件を変え，特定化合物を固体として析出させて固液分離し，回収方法もある。燃料追加においては，固体のUF_4やThF_4を溶融塩中に添加することで容易に燃料交換が行える。

6.6　トリウム利用プロセス

ここではトリウム利用のステップを紹介する。図6.7には積極的にトリウム利用を展開しているインドのトリウム利用プロセスの段階的なフローを示す。もともと，インドでは，第二次大戦後にイギリス同盟国であるカナダより，天然Uを利用する重水炉（CANDU炉：Canadian Deuterium Uranium Reactor）の提供を受け，発電に供していた。次の段階として，使用済燃料を再処理して，劣化UおよびPuを取り出し，PuをMOX燃料に，劣化Uを^{239}Pu増殖用ブランケット材として高速増殖炉で燃焼させる。この際，^{233}U増殖用にThO_2をブランケット材として利用するのが特徴である。この段階での使用済燃料の再処理により，Puは高速炉燃料としてリサイクルする一方で，^{233}Uはこれを燃料とする軽水炉や高速炉等各種原子炉へ利用し，展開する。

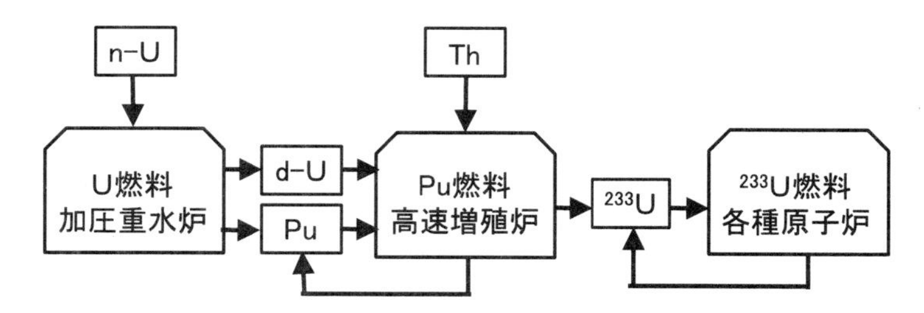

図 6.7　インドにおけるトリウム利用プロセスのフロー［12］

参考文献

［1］ L. R. Morss, N. M. Edelstein, J. Fuger eds, "The Chemistry of the Actinide and Transactinide Elements" , 3rd edition, Vol.1, Chap.3, Springer, (2011) 52-160.

［2］ M. Benedict, T. H. Pigford, H.W. Levi 著（清瀬量平訳),「核燃料サイクルの化学工学」,「原子力化学工学」第 I 分冊, 日刊工業新聞社, (1983)

［3］ M. Benedict, T. H. Pigford, H.W. Levi 著（清瀬量平訳),「使用済燃料とプルトニウムの化学工学」,「原子力化学工学」第Ⅲ分冊, 日刊工業新聞社, (1984)

［4］ 菅野昌義,「原子炉燃料」, 東京大学出版会, (1976)

［5］ 内藤奎爾,「原子炉化学」(上), 東京大学出版会, (1978)

［6］ 中井敏夫, 斎藤信房, 石森富太郎編,「放射性元素」,「無機化学全書」（柴田雄次, 木村健二郎編), XVII－ 3, 丸善株式会社, (1974)

［7］ K. Furukawa, K. Tsukada, JAERI-Memo, 83-050（1983)

［8］ 菅野昌義, 古川和男, 古橋　晃, 安川　茂, 大道敏彦, 加藤義夫, 日本原子力学会誌, 16（1974）264-273

［9］ 山脇道夫, 山名　元, 宇根崎博信, 福田幸朔, 日本原子力学会誌, 47（2005）802-821

［10］ P. Rodorigeez, C. V. Sandaram, "Nuclear and Materials Aspects of The Thorium Fuel Cycle" , J. Nucl. Mater., 100, (1981), 227-249

［11］ K. Bakker, E. H. P. Cordfunke, R. J. M. Konings, R. P. C., J. Nucl. Mater., 250, (1997), 1-12

［12］ T.R.G. Kutty, K. B. Khan, P.S. Somayajulu, A. K. Sengupta, J. P. Panakkal, A. Kumar, H. S. Kam, "Development of CAP process for fabrication of ThO_2-UO_2 fuels Part I: fabrication and densification hehaviour" , J. Nucl. Mat., 373（2008）299-308.

第7章　原材料と製品

7.1　特定原材料と製品等［1-3］

ウランの化学（I）14章「原材料と製品」では，平成21年の文部科学省のガイドラインを引用し，ウランに関する部分を紹介した。同ガイドラインではウランやトリウム等，自然起源の放射性物質を含む材料や製品の使用にあたって一般公衆の被ばく限度である1mSv/yを越えないものについては，法令による規制ではなく，事業者による自主管理を求めている。1mSv/yを越えると推定される場合においても100～200mSvより低い放射線量では臨床所見は確認されておらず，必要な被ばく線量低減化措置により対応している。当該ガイドラインでのトリウムに関する指定原材料や中間製品，一般消費財の定義は表7.1のようになる。①の場合にはトリウムの娘核種まで含まれ，放射能量および濃度について8000Bq，1Bq/gを超えない場合には規制対象外としている。②の場合には娘核種からの放射能がないため，それぞれ80,000Bq，10Bq/g以下の場合が対象外となる。

7.2　溶接棒

タングステンは最も融点が高い（3422℃）金属であり，GTAWやTIG

表7.1　指定原材料と中間製品、一般消費財

分類	指定原材料	中間（工業）製品	一般消費財
① 鉱石および鉱物砂	モナザイト	粉体混和材	1）マイナスイオン製品 2）家庭用温泉器 3）排気マフラー触媒
	バストネサイト	分級粉体，研磨剤	紙やすり，磨き粉
	チタン鉱石	顔料，塗料	建材
	リン鉱石	リン安，石こう	肥料，建材
② 精製Th含有金属，ガラス等	合金	線材，棒	溶接棒フィラメント
	ガラス	レンズ	カメラ
	酸化物	耐火物	るつぼ，ガスマントル

表 7.2　トリエーテッドタングステンの種類と性質［4］

分類記号	添加物	添加量 （wt%）	不純物量 （wt%）	色
WP	−		＜0.1	緑
WPT4	ThO_2	0.35 − 0.55	＜0.1	青
WPT10		0.8 − 1.2	＜0.1	黄
WPT20		1.7 − 2.2	＜0.1	赤
WPT30		2.8 − 3.2	＜0.1	紫
WPT40		3.8 − 4.2	＜0.1	橙
WL10	La_2O_3	0.9 − 1.2	＜0.1	黒
WC20	CeO_2	1.8 − 2.2	＜0.1	灰色

溶接の溶接棒に使用される。純タングステン棒は汎用で低コストの電極であるが，耐熱性と電子放出が不十分である。タングステン溶接棒にThO_2を分散させると，優れたアーク性能と始動を提供し，溶接特性の改善に効果があり，トリウム入りタングステン（トリエーテッドタングステン：トリタン）として製造・販売されてきた。現在の日本工業規格に規定されたトリタンの種類を表7.2に示す。トリウム添加トリタンはWPT4，WPT10，WPT20，WPT30，WPT40の記号を持ち，それぞれにはThO_2として0.4，1，2，3，4wt%添加されている。古くはThO_2を30wt%近く含有していたが，蒸気や粉塵の吸入は健康上のリスク，廃棄は環境上のリスクになることから，ThO_2含有量を数%に低減してきた。また，他の代替物質を添加する場合があり，トリウムフリーの溶接棒としては，La_2O_3（WL10）やCeO_2（WC20）を添加したものがある。セリウムやランタンの添加はトリウムほどではないが，燃焼安定性と始動の容易さを改善し，燃焼を減少させる効果がある。なお，電極の直径は0.5～6.4mm（0.02～0.25インチ）の範囲で，長さは75～610mm（3.0～24.0インチ）の範囲をもつ黒色の溶接棒として市販されており，溶接棒の端には識別のための色が付けてある。

表7.3　トリウムレンズ製品と屈折率

会社	製品	屈折率
Kodak	Aero-Ectars	2.5
CANON	FL	1.8
PENTAX	Super-Takumar	1.5
MINOLTA	ROCCOR-PG	1.2
Olympus	ズイコー	1.2
NIKON	CRT-NIKKOR	1.0

表7.4　トリウムレンズの性質

製品	NIKKOR-S	CRT-NIKKOR
色	薄黄	深黄
f	1.2	1.0
線量率（μSv/h）	1.0*	7.0*

* B.G.：0.08－0.09μSv/hr

7.3　レンズ [5,6]

より明るい光学レンズとして屈折の高いガラスの使用により，ガラスの必要な湾曲を減らすことができ，レンズはより薄く，もっと軽くすることができる。このため，トリウムを添加した高屈折ガラスが1948年に米国で開発された。1949年に，コダックのPaolisにより，トリウムガラスの特許（トリウム12%，ボロン36%，ランタン12%，バリウム20%，カルシウム20%）が出され，最高28%のトリウム酸化物を含むレンズ（トリウムレンズ，アトムレンズ）が開発された。国内でもキャノン，ペンタックス等より1970年頃まで製造された。主な製品と屈折率を表7.3に示す。

表7.4にNIKON製トリウムレンズの例および性質を紹介する。①および②の型番はNIKKOR-S，No.981894，②にはCRT-NIKKOR，No.581116である。なお，これらレンズは，「電子顕微鏡の高輝度電子源の開発研究」において，先端を2μmほどの径にしたW-tipの原子配列を映し出すイオン顕微鏡の蛍光面の像を撮影観察に使用された。通常レンズの像が非常

に暗く数10分の露光時間が要したため，より明るいレンズが必要となり，f：1.0と人間の目と同等の明るいレンズとしてトリウムレンズを利用した。β-γ線サーベイメータによる計測では，①および②のレンズ表面においてそれぞれ1.0および7μSv/hrであり，トリウム含有量が多い方が，黄色を示していることが分かる。トリウムレンズは数年で黄色に変色すること（ブラウニング現象）が知られており，これは，放射線損傷によりガラス内部にカラーセンターが生成したものと思われる。また，30cm離れた場所での線量はB.G.(0.08-0.09μSv/hr）と同等であった。人及び周辺環境への影響は殆ど無い。②については，Ge半導体検出器によりγ線スペクトルを測定したところ，^{232}Thそのもののγ線（63.8kev）は見えなかったが，^{228}Ac（338.0，911.2kev）や^{212}Pb（238.6 kev）といった娘核種のγ線が確認され，当該品はトリウムレンズと判断された。さらに，紫外線を照射すると②についてはわずかに青色の蛍光が見られたが，①では確認できなかった。トリウム自身にはf電子が存在せず，蛍光は発しないが，トリウム中の不純物としてのウランによるものと考えられる。

7.4　耐火物

ThO_2は最も高い融点をもつ物質であり，化学的にも安定であるので，ジルコニア同様，るつぼ等耐火物としても利用されてきた。

(a)　るつぼ

トリウム自体が放射性物質であるため，金属Uの製造に使用された。誘導加熱炉によるUO_2および溶融Zrの反応実験の例がある［4］。気密構造のステンレススチール製の反応容器内にUO_2ペレットを敷いたThO_2るつぼを設置し，高周波による誘導加熱により超高温（1900 － 2200℃）におけるUO_2と溶融Zrの直接反応を調べることができるが，ThO_2やUO_2の加工技術（焼結，切削）が必要となる。本実験系はあくまでも還元雰囲気に限定されており，チェルノブイリ原発や福島第一原発事故のような場合の燃料デブリ生成については，酸化雰囲気における挙動を評価できる実験系が必要となる。

表7.5　ランタン用マントルヒーターの種類と表面線量率

製品	平均*
アルペン㈱ Southfield DX ハイパーランタン 3000	0.49
新富士バーナー㈱ SOTO-ST2601	0.08

* B.G.：0.08 μSv/hr

(b) トリエーテッドタングステンフィラメント

真空測定用電離真空計において仕事関数を下げ，熱電子放出を促進させるためにフィラメント表面に塗布されて使用した。具体的な例として，複合表面分析装置（例：島津－ Kratos XSAM-i）がある。当該装置内部の真空機器にフランジを介してとりつけるタイプのフィラメントであり，ThO_2 は内部にあるタングステン電極表面に塗布されている。実際，容器外部に放射性物質らしきマークがあり，その表面をみると ThO_2 を塗布してある白色部分が見られる。これらは真空チャンバー内に据え付けられており，設置や交換時以外は直接作業者に触れることはない。β-γ 線サーベイメータによる装置外部および内部における計測では，いずれも 0.06～0.07 μSv/h であり，実験室内における B.G. と同等であった。

(c) マントルヒーター

マントルヒーターは硝酸トリウムを含浸させた繊維を灰化して作製した発光体で，高温まで安定な ThO_2 を含むヒーターである。加熱すると白色に強く発光する。ガス灯やランタンのマントルに使用されている。キャンプ用ランタンには種々の製品がある。表 7.5 に種類とそれらの表面線量率を示す。ThO_2 を含むものは放射能が強い。ThO_2 を CeO_2 等希土類酸化物で代替する製品も出ており，放射能は低い。キャンプ用のマントルヒーターは，耐火性繊維で編んだネットにトリウム溶液を含侵・灰化させている。古くは，耐火繊維としてアスベストを使用していたこともあり，製品の製造時期や放射能に注意して使用する必要がある。

参考文献

[1]　「核燃料物質・核原料物質の使用に関する規制」, 原子力規制庁, (2013)
[2]　「ウラン又はトリウムを含む原材料, 製品等の安全確保に関するガイドライン」, 文部科学省, (2009)
[3]　佐藤修彰, 桐島　陽, 渡邉雅之：「ウランの化学（I）－基礎と応用－」, 東北大学出版会, (2020) 171-172.
[4]　D. R. Olander, "Interpretation of laboratory crucible experiments on UO_2 dissolution by liquid zirconium", J. Nucl. Mater., 224, 254-265, (1995)
[5]　作花済夫他編, 「ガラスハンドブック」, 朝倉書店, (1982)
[6]　森谷太郎他編, 「ガラス工学ハンドブック」, 朝倉書店, (1966)

第8章　環境とトリウム

8.1　環境中のトリウム

環境中のトリウムとしては，温泉水や，温泉地に溜まる沈殿物（湯花）の他，鉱物資源（希土類鉱石など）およびその処理に関わる残渣などがある。

日本のトリウム土壌分布を図8.1に示した［1, 2］。表層土壌には数ppm程度含まれており，特に花崗岩にはウランと共に多く含まれ東濃地域（岐阜県）など西日本を中心に花崗岩の分布する地域でトリウム濃度が高くなっている。後述する北投石や玉川温泉のように，ウランは低くトリウムが特異的に見いだされる環境も存在する。海外では，ブラジル東南部の大西洋岸のガラパリやインド南西部アラビア海に面したケララではトリウム含有量の高い燐灰石のモナザイトが砂として海岸に堆積し，自然放射線量の高い地域となっている。一方，河川水中のトリウム濃度は数ppt程度であり（図8.2），全国を通して低い［3］。

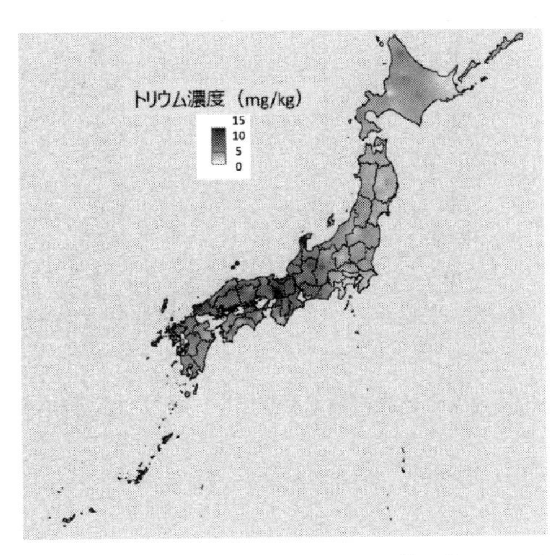

図8.1　日本の土壌中トリウム濃度（文献［1, 2］よりプロット）

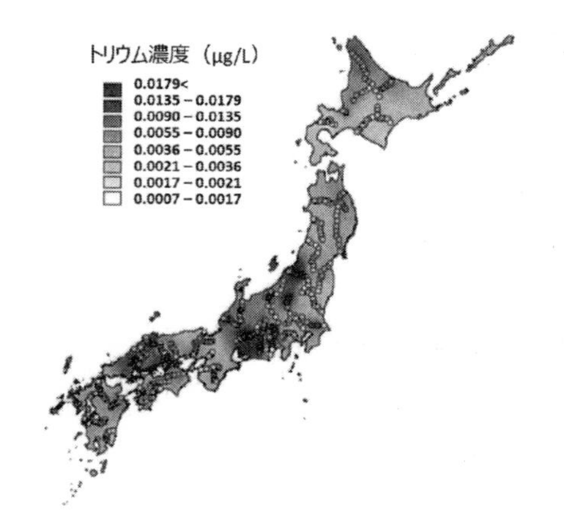

図 8.2　日本の河川のトリウム濃度［3, 4］

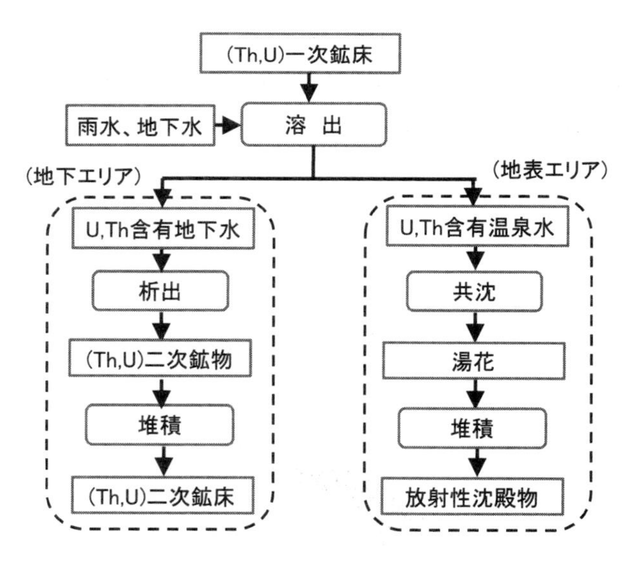

図 8.3　地下および地表におけるウラン，トリウムの移行と固定化

一次鉱床など，地中にあるトリウム等放射性物質が，雨水や地下水との接触により溶出する。その場合の放射性物質の移行と固化について図8.3のようにまとめられる。地下エリアでは，地下水中のUイオンやThイオンが炭酸やリン酸等アニオンと反応，水和物として析出後，これらの二次鉱物が堆積して，二次鉱床を形成する。一方，地表エリアでは，温泉水として湧き出し，共存する鉄やマンガン等とともに共沈して，例えば湯の花となり，これが，堆積して，北投石のような放射性沈殿物となる。以下，代表的な温泉水や沈殿物について述べる。

8.2　温泉水

東大理学部化学科斎藤信房教授は日本温泉科学会第29回大会の会長講演にて「日本列島を放射地球化学的にながめて興味あることの一つは，ウラン，トリウム鉱物の大規模鉱床が見いだされていないにも拘らず，強い放射能を持った温泉沈殿物や温泉が相当数存在することである。」と述べている [5]。ここでは，温泉水の性質に関連して，日本および台湾における放射能泉を表8.1のように分類している。

表8.1　放射能泉の分類 [5]

分類	内容	例
①	鉄，カルシウムに富む	増冨鉱泉，池田鉱泉
②	バリウム，鉛に富む	玉川温泉，台湾北投温泉
③	マンガンに富む	三朝温泉，猿ヶ京温泉

一方，オクロ現象の発見で有名なP. K. Kuroda（黒田和夫）は，天然放射性鉱物にウラン系およびトリウム系があることから，表8.2のようにウラン系列の娘核種であるラドン（^{222}Rn：ラジウムエマナチオン）を含むラジウム温泉と，トリウム系列の娘核種であるトロン（^{220}Rn：トリウムエマナチオン）を含むトリウム泉に分類した。当時，国内の温泉は殆どラジウム泉であり，彼は，最初のトリウム泉（増冨温泉）を発見した [6]。

表 8.2　放射性核種からの放射能泉の分類［6］

分類	名　称	内容
(A)	ラジウム泉	主にウラン系列ラドン（^{222}Rn）の放射能
(B)	トリウム泉	主にトリウム系列トロン（^{220}Rn）の放射能

温泉水中のトリウムについては，放射化分析による定量分析結果全国153の放射能泉の温泉水について 0.3×10^{-8}g/l（北海道，洞爺湖温泉）から 1.4×10^{-5}g/l（蔵王，共同上の湯）までの数値が報告されている［7］。この報告では，温泉水のようなThを微量に含む試料については，比色法は難しく，また，鉱石とは異なり放射平衡が崩れているので，Thとの直接反応を利用する放射化分析を適用している。日本原子力研究所のJRR-2およびJRR-3研究炉にて中性子照射による（n, γ）反応により ^{233}Th を生成する。その後，以下の崩壊過程で生成する ^{233}Pa の放射能を測定後，既知濃度の ^{233}Pa トレーサーと比較して，Th量を求める方法である。

$$^{233}\mathrm{Th} \underset{22.12\,\mathrm{m}}{\overset{\beta^-}{\rightarrow}} {}^{233}\mathrm{Pa} \underset{27.4\,\mathrm{d}}{\overset{\beta^-}{\rightarrow}} {}^{233}\mathrm{U} \underset{1.62\times10^5\,\mathrm{y}}{\overset{\alpha}{\rightarrow}} {}^{229}\mathrm{Th} \tag{8-1}$$

Th含有量の上位10ケ所の表8.3に示す。最もTh含有量が高い温泉は山形蔵王の上の湯共同浴場である。ここは，pH1付近をもつ硫酸酸性温泉である。2番目は開湯四百年を謳う宮城県鳴子温泉観光ホテルの源蔵の湯であり，泉質は含硫黄－ナトリウム－硫酸塩・炭酸水素塩泉，低張性中性高温泉（旧泉質名含芒硝重曹－硫黄泉）である。3，4位に強い塩酸酸性泉，秋田県玉川温泉が位置する。

さらに，今橋らによる，酸性泉のTh含有量の多い源泉を泉質から3つに分類した例を表8.4に示す［8］。Th含有量は①>②>③の順であり，トリウムが岩石から溶出する際に，硫酸よりも塩酸の効果が大きいことによるもので，実際，pHが1付近ではTh含有量が10～数10μg/lであるが，pH＝2となると，数μg/lに低下する傾向がある。

表8.3　主なトリウム泉［7］

都道府県	泉名	Th 含量 (μg/l)	採水年月日
山　形	蔵王，共同上の湯	14	1979.8.14
宮　城	鳴子，源蔵の湯	13	1979.8.07
秋　田	玉川，キング（A3）	7.5	1978.7.30
秋　田	玉川，大噴（A）	6.2	1978.7.29
北海道	川湯，御園ホテル	5.0	1977.4.09
長　崎	雲仙，親湯，旧八幡地獄	3.6	1979.10.19
鹿児島	栗野岳	2.3	1978.4.09
岩　手	須川，1号泉	1.8	1983.8.08
神奈川	箱根，湯の花沢，与右ェ門の湯	1.3	1980.4.09
北海道	十勝川，笹井旅館の湯	1.0	1977.7.22

表8.4　Th 含有源泉の泉質による分類

分類	泉質	Cl/SO_4	例
①	非常に強い塩酸酸性	12.3 ～ 12.7	立山地獄谷温泉
②	やや塩酸酸性	2.4 ～ 3.6	玉川温泉
③	硫酸酸性	0 ～ 1	蔵王温泉

8.3　放射性沈殿物

(a) 北投石（台湾）［9］

台湾北部にある北投（ペイトウ）温泉は強酸性泉で，放射性鉱物北投石の産地として古くから知られている。北投石の組成式は（Ba, Pb）SO_4で鉛重晶石と呼ばれる。沈殿生成の際にBaと同族のラジウムやPbと類似のBiやTlを共沈させる。該当する放射性核種として，トリウム系列では，^{226}Ra，^{212}Pb，^{212}Bi，^{208}Tlが，ウラン系列では，^{228}Ra，^{214}Pb，^{214}Bi，^{210}Tlがある。温泉水中に溶存するPb^{2+}，Ba^{2+}とSO_4^{2-}が北投石が沈殿する際に，まず，^{226}Raと^{228}Raが共沈し，その後沈殿物中で壊変し，放射平衡にあるものと考えられる。いずれの壊変系列においても気体状の^{220}Rnや^{222}Rnを経由するため，親核種との平衡は保たれず，残存する娘核種の放射能が主となる。

(b) 玉川温泉［10］

台湾の北投石と同様の沈殿物が，秋田県玉川温泉で産出する。図8.4に玉川温泉の構内の概略図を示す。玉川温泉は渋黒川の上流にあり，大噴（おおぶき）から噴出する温泉水を湯花採取場にて採取する。地中からのH_2Sガスが地表面で酸化されて亜硫酸ガス（SO_2）となり，クラウス反応により固体イオウを生成する。大噴や岩盤浴小屋付近を含め，あちこちにある噴出孔にはこのようにして生成したイオウみられる。またSO_2はSO_3へ酸化され，硫酸を作る。温泉水中に生成する湯花の主成分はイオウであるが，イオウには鉱物は溶解しないので，湯花中に，数10μmの微結晶（Micro hokutolite）として存在する。従って，湯花に含まれる放射性核種は微結晶北投石にある。

$$2H_2S + 2O_2 = SO_2 + 2H_2O \qquad (8\text{-}2)$$
$$2H_2S + SO_2 = 3S + 2H_2O \qquad (8\text{-}3)$$
$$2SO_2 + O_2 = 2SO_3 \qquad (8\text{-}4)$$
$$SO_3 + H_2O = H_2SO_4 \qquad (8\text{-}5)$$

湯川に沿って遊歩道があり，岩盤浴小屋まで続く。これ以上は火山性ガスのため，立入禁止になっている。実際岩盤浴小屋付近にも大小の噴き出し口があり，表面はクラウス反応で生じたイオウが析出している。早朝から日没まで小屋内外部や，遊歩道沿いには岩盤浴による療養者が仰臥しているが，表面線量率は0.5 μ Sv/hr以下とあまり高くなかった。しかし，図中D，E，Fのスポットでの表面線量率はそれぞれ，2.5, 4.6, 2.5μSv/hrを示していた。いずれの場所もあまり高温ではないが，利用者は放射線による緩和作用の効果があることを挙げていた。

斎藤らが測定試料を採取したSinterA，B，C部はそれぞれ，黒色，黄色，茶褐色を呈する湯花採取場である。各試料のγ線スペクトルからは

表 8.5　各試料の ^{226}Ra, ^{228}Ra および ^{228}Th の放射能

試料	放射能濃度（Bq/g）			放射能比		生成日数
	^{226}Ra	^{228}Ra	^{228}Th	$^{228}Ra/^{226}Ra$	$^{228}Th/^{226}Ra$	
Sinter A	0.98	21.4	1.88	21.9	1.92	91
Sinter B	0.78	13.8	6.18	17.9	7.96	531
Sinter C	0.47	7.07	4.15	15.0	8.65	748

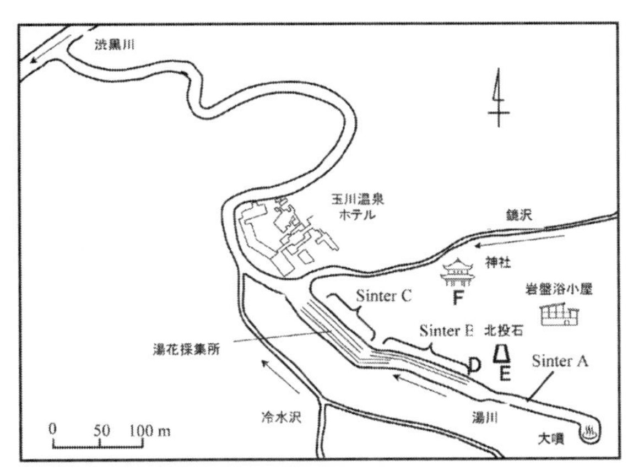

図 8.4　玉川温泉の構内概略図（[10] から一部改変）

^{226}Ra, ^{228}Ra および ^{228}Th およびその娘核種（^{212}Pb, ^{214}Pb, ^{212}Bi, ^{214}Bi, ^{208}Tl）しか検出されない。表 8.5 に各試料の ^{226}Ra, ^{228}Ra および ^{228}Th の放射能とその比を示す。源泉から離れるに従い，Ra の放射能や $^{228}Ra/^{226}Ra$ 比は低下し，一方 $^{228}Th/^{226}Ra$ 比は増加している。また，すべての試料で，^{228}Ra − ^{228}Th の放射平衡が成立していない。

このことから，湯花中の放射能は北投石中の Ra から放出されている可能性が高く，^{228}Th は北投石中の ^{228}Ra から生成したものと考えられる。さらに，放射能比より求めた北投石の生成日数は源泉から遠ざかるに従い長くなっており，源泉の湧出直後に生成した微小北投石が湯花に取り囲まれ，下流方向へ移動した可能性を示唆している。

なお，環境中のウランについては前著「ウランの化学（II）－方法と実践－」第10章を参照されたい。[11]

参考文献

[1] S. Uchida, K. Tagami, I. Hirai, J, Nuc, Sci, Tech., 44 (4), 628-640, 2007.
[2] S. Uchida, K. Tagami, I. Hirai, J, Nuc, Sci, Tech., 44 (5), 779-790, 2007.
[3] S. Uchida, K. Tagami, K. Tabei, I. Hirai, J. Alloys Compds, 408-412, 525-528, 2006.
[4] 放射線医学総合研究所　廃棄物技術開発事業推進室　日本の河川水中元素濃度分布図（2007）（データは［2］に基づく）
[5] 斎藤信房，温泉科学，26 (1975) 31-35
[6] 黒田和夫，日本温泉気候学会誌，14 (1948)，20-25
[7] 下方鉱蔵，神谷　宏，尾崎敦子，温泉科学，41（1991）155-168
[8] 今橋正征，温泉科学，24（1973）1-6
[9] 野口喜三雄，相川嘉正，村上悠紀雄，温泉科学，31 (1980) 1-7
[10] 齊藤　敬，山形武靖，永井尚生，温泉科学，57 (2008) 206-214
[11] 佐藤修彰，桐島　陽，渡邉雅之，佐々木隆之，上原章寛，武田志乃，「ウランの化学（II）－方法と実践－」，東北大学出版会，(2021)

第9章　生体とトリウム

9.1　生体への影響

血液に移行したトリウムの主な沈着部位は肝臓と骨と考えられている[1]。トリウムはα線核種であり，組織内でのα線飛程は30μm程度であるため，沈着した部位近傍の細胞に大きなエネルギー付与を与える。

トリウム化合物の取り込み割合（f_1値）は吸収のタイプやその化学的性質から表9.1のように分類されている。吸入の際の体内への吸収速度は，通常，吸収速度の早い「タイプF」，中位の「タイプM」，遅い「タイプS」の3つに分類される。天然放射性核種の^{232}Thとその娘核種の^{228}Thについて，それぞれ実効線量係数を表9.2に示した。

トリウムは^{131}I，^{137}Cs，^{90}Srなどの主要内部被ばく核種と比較して比放射活性は非常に低いが，α線核種であることから内部被ばくリスクは高く

表9.1　トリウム化合物、吸収タイプに対するf_1値［1］

摂取	吸収タイプ	f_1値
吸入	F	5×10^{-4}
	M（水酸化トリウム）	1×10^{-4}
	S（酸化物・その他）	5×10^{-6}
経口	全てのタイプ	5×10^{-4}

表9.2　トリウム核種の実効線量係数［1］

	半減期（y）	吸収タイプ	実効線量係数（Sv/Bq）	
			吸入摂取	経口摂取
^{232}Th	1.40×10^{10}	F	4.0×10^{-5}	7.0×10^{-8}
		M	8.2×10^{-6}	
		S	5.4×10^{-5}	
^{228}Th	1.9116	F	1.7×10^{-5}	3.0×10^{-8}
		M	9.0×10^{-6}	
		S	2.3×10^{-5}	

＊経口摂取は全てのタイプで同じ値

表 9.3　内部被ばく核種のリスク比較［1, 2］

		^{131}I	^{137}Cs	^{90}Sr	^{238}U	^{232}Th
比放射活性（Bq/g）		4.60×10^{15}	3.21×10^{12}	5.07×10^{13}	1.24×10^{4}	4.05×10^{3}
実効線量係数（Sv/Bq）*	経口	1.6×10^{-8}	1.4×10^{-8}	2.4×10^{-8}	3.1×10^{-8}	7.0×10^{-7}
	吸入	6.0×10^{-10}	5.1×10^{-8}	2.0×10^{-7}	1.2×10^{-5}	5.4×10^{-5}

＊経口摂取のトロンチウム，セシウムについては消化管移行係数（fA）の大きい値，ウランはタイプ F で比較。吸入摂取はタイプ S で比較。

見積もられている。同じ α 線核種であるウランと比較して 1 桁から 2 桁高い実効線量係数が与えられている（表 9.3）。

(1) トロトラスト［3］

トロトラストは二酸化トリウムのコロイド溶液（二酸化トリウム 250g/L, 16 − 19%のデキストリンと防腐剤として 0.15%のパラヒドロキシ安息香酸を含む）で X 線診断用造影剤としてドイツで開発された。1929 年に肝脾造影，1931 年からは主に血管造影に用いられた。脳血管造影に最も応用された。当時はトロトラストほど鮮明な造影剤がなかったため，ヨーロッパ，日本，北米で広く用いられ 1950 年代まで使用された（日本での使用は 1932 − 1945 年に限られ，現在では使用されていない）。血管内に注入されるとその大部分は短期間に脾臓，肝臓，骨髄などに沈着し，ほとんど排出されない。そのため患者はトリウム（^{232}Th）から放出される α 線による内部被ばくを慢性的に受けることになる。また娘核種の ^{228}Ra, ^{224}Ra, ^{220}Rn などの短寿命核種によっても被ばくを受ける。このような慢性被ばくの潜在的な悪影響は 1943 年に認識されるようになった。晩発障害（悪性腫瘍発生，白血病など）が報告されている。

(2) α 線内用療法［4］

放射性核種を体内に投与してその電離放射線により病巣部位に障害を与えることによって行う治療は内用療法，あるいは標的アイソトープ治療

（Targeted Radionuclide Therapy, TRT）と呼ばれる。近年，蓄積部位近傍に高いエネルギーを与えることからα線核種を用いた標的α線治療（Targeted Alpha Therapy, TAT）が癌治療で注目されている。^{227}Thは，短寿命α線核種であり半減期18.72日で^{223}Raにα崩壊し5.9 MeVのα線を放出する他，数ミリ秒から十数日程度の短い半減期で崩壊を繰り返し^{207}Pb安定同位体となる。その間5回のα崩壊と2回のβ^-崩壊で合計約34 MeV程のエネルギーを標的部位に付与することになる。前立腺癌や子宮癌などの固形癌に適用され治療効果を上げている。

9.2　汚染評価と除染

トリウムによる汚染評価について，ウランの場合［5］と同様に，α核種を含む場合に相当し，現行は表面線量のみ（0.4 Bq/cm^{2}以下）となっている。施設内の構造物除染については，上記第9章の汚染評価と除染を参照されたい［5］。

動物実験ではプルトニウムやアメリシウムなどのアクチニド除染剤として用いられるジエチレントリアミン五酢酸（diethylene triamine pentaacetic acid, DTPA）のトリウム除染効果が検討されている［6］。中性リポソーム製剤化により肝臓からの排泄促進効果が示されている。

参考文献

［1］ ICRP Publication 134, Pergamon Press, Oxford, (2016)
［2］ ICRP Publication 137, Pergamon Press, Oxford, (2017)
［3］ B. Grosche, M. Birschwilks, H. Wesch, A. Kaul, G. van Kaick, Radiat. Environ. Biophys., 55, 281-289, 2016.
［4］ V. Frantellizzi, L. Cosma, G. Brunotti, A. Pani, A. A. Spanu, S. Nuvoli, F. De Cristofaro, L. Civitelli, G. De Vincentis, Cancer Biother. Radiopharmaceu., 35（6），437-446, 2020.
［5］ 佐藤修彰，桐島　陽，渡邉雅之，佐々木隆之，上原章寛，武田志乃，「ウランの化学（II）－方法と実践－」，東北大学出版会，(2021)
［6］ A. Kumar, P. Sharma, M. Ali, B. N. Pandey, K. P. Mishra, Int. J. Radiat. Biol. 88（3），223-229, 2012.

第２部
プルトニウム編

第10章　プルトニウムの基礎 [1-6]

10.1　歴史

94番目の元素，プルトニウムは，1940年にカルフォルニア大学のG. T. Seaborgらのグループにより，サイクロトロンを用いた以下の核反応により発見された [1]。

$$^{238}\mathrm{U}(\alpha,2\mathrm{n})^{238}\mathrm{Np} \underset{2.1\,\mathrm{d}}{\overset{\beta^-}{\rightarrow}} {}^{238}\mathrm{Pu} \qquad (10\text{-}1)$$

一方，原子炉内では次の反応により核分裂性の ^{239}Pu が生成され，実際，軽水炉で所定期間運転後回収する使用済核燃料中には1％含まれる。

$$^{238}\mathrm{U}(\mathrm{n},\gamma)^{239}\mathrm{U} \underset{23.5\,\mathrm{m}}{\overset{\beta^-}{\rightarrow}} {}^{239}\mathrm{Np} \underset{2.356\,\mathrm{d}}{\overset{\beta^-}{\rightarrow}} {}^{239}\mathrm{Pu} \qquad (10\text{-}2)$$

^{240}Pu 以降のPu核種は，以下に示すように主に中性子捕獲により生成されてきた。

10.2　核的性質と同位体

原子炉や加速器による核反応により，超ウラン元素が生成される。図10.1にはプルトニウム，アメリシムおよびキュリウムを生成する核種の連鎖を示す。ここでは，α や β 崩壊の他，(n, γ)，(n, 2n)，ECといった核反応を示している。Uの（n, γ）反応とその後の β 崩壊により，Npを経て幾つかのPu核種を得る。Pu核種はさらに（n, γ）反応とその後の β^- 崩壊により，AmおよびCm核種を得る。これらの超ウラン元素は α 崩壊により，種々のU核種やPu核種になる。

表10.1には主なプルトニウム同位体の性質を示す。核分裂性を示す核種は奇数の質量数をもつもので，高速中性子との反応に注目してみると，

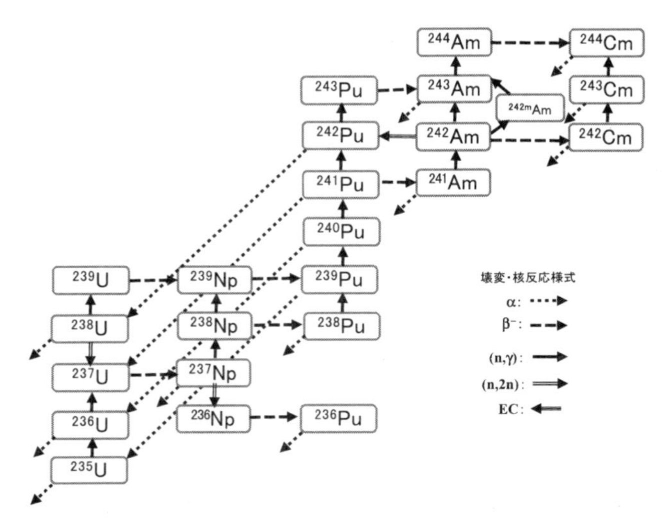

図 10.1　プルトニウム，アメリシムおよびキュリウムを生成する核種の連鎖

表 10.1　プルトニウム同位体の性質［1,3］

同位体	半減期	放射線（MeV）	生成方法	高速中性子との反応断面積（barn）		核分裂当たりの中性子発生数
				捕　獲	核分裂	
^{234}Pu	8.8h	α, 6.151	^{233}U（α, 3n）			
^{236}Pu	2.858y	α, 5.768	^{235}U（α, 3n）		165	2.22
^{237}Pu	45.64d	α, 5.356	^{235}U（α, 2n）			
^{238}Pu	87.7y	α, 5.499	^{242}Cm 娘核種	547	16.5	2.90
^{239}Pu	2.4110×10^4y	α, 5157	^{239}Np 娘核種	268.8	742.5	2.871
^{240}Pu	6561y	α, 5168	中性子捕獲	289.5		2.143
^{241}Pu	14.329y	α, 4.896	中性子捕獲	368	1009	2.927
^{242}Pu	3.735×10^5y	α, 5.277	中性子捕獲	18.5	<0.2	2.15
^{243}Pu	4.956h	β^-, 0.582	中性子捕獲	60	196	
^{244}Pu	8.13×10^7y	α, 4.589	中性子捕獲	1.7		2.30

^{239}Puや^{241}Pu，^{243}Puでは捕獲より核分裂の断面積が大きく，核分裂反応が主となる。また，核分裂当たりの中性子数をみると，^{239}Puや^{241}Puのほか，^{240}Puがより多くなっている。これに対し，^{238}Puや^{240}Puは捕獲反応が主であり，質量数の大きい核種を生成する。^{236}Puは半減期が2.8年と短いので，Npから加速器等で製造し，実験室規模での使用が可能である。^{238}Puはアポロ計画での熱源や通信衛星，ペースメーカーの原子力電池の用途がある。

10.3　法令と定義 [7,8]

プルトニウムについて核燃料物質としての法規制は昭和30年に制定された「原子力基本法」や「原子炉等規制法」,「同施行令」による。基本法第3条第2項では「「核燃料物質」とは，ウラン，トリウム等原子核分裂の過程において高エネルギーを放出するものであって，政令で定めるものをいう。」と定義され,「核燃料物質等の定義に関する政令」(昭和30年制定）第1条では第6項にプルトニウムおよび化合物が定義されている。一方，ウラン鉱，トリウム鉱のような核原料物質は該当しない。また，ウラン300g未満やトリウム900g未満の場合には国際規制物資としての規制はあるものの，原子炉等規制法の適用外となる。しかし，プルトニウムの場合は規制免除下限量はなく，また，含有量による規制は表10.2のようになる。密封試料では450以上が，非密封試料では1g以上が令41条の該当となり，防護措置や保安対策等，より強い規制が求められる。

表10.2　プルトニウム使用にかかわる規制

使用の形態	令41の該当 / 非該当	
	非該当	該　当
密　封	450g未満	450g以上
非密封	1g未満	1g以上

10.4　資源

プルトニウムを発見したSeaborgらのグループは，天然プルトニウムも発見している［9］。彼らはカナダのGreat Bare Lake地方のPitchblende残渣400gからμg量の自然起源Puを分離し，α放射能を測定した。表10.3にはウラン鉱石に含まれるU含有量とそれに対応する^{239}Pu/U比を示す。一次鉱物であるピッチブレンド中にはUおよびPu含有量が多い。二次鉱物であるモナザイト中にはU含有量は少ないものの，Pu含有量は多い傾向がある。

一方，使用済核燃料中に1％含まれるプルトニウムについては再処理により分離され，新たな資源としてMOX燃料に使用されている。2017年における我が国のプルトニウム保有量は，表10.4のようになる［10］。これをみると，国内原子力発電所から発生した使用済核燃料について大部分が海外の再処理工場にて再処理され，分離・回収されたプルトニウムの3分の2以上がそのまま海外に保管されている。

国内保管分は約半分が電力会社と日本原燃再処理工場に，残り半分はJAEAの各施設にあることになる。

表10.3　ウラン鉱石中のUおよびPu量［1］

鉱石	鉱物	U含有量（wt.%）	^{239}Pu/U比（× 10^{12}）
Cigar Lake U deposit	U_3O_8	31	6.4
Beaverlodge U deposit	U_3O_8	7.09	14.3
Canadian pitchblende	U_3O_8	13.5	7.1
Belgian Congo pitchblende	U_3O_8	38	12
Colorado pitchblende	U_3O_8	50	7.7
Brazilian monazite	$(Ce, La)PO_4$	0.24	8.3
N. Carolina Monazite	$(Ce, La)PO_4$	1.64	3.6
Colorado furgusonite	$Y(Nb, Ta)O_4$	0.25	< 4
Colorado carnotite	$K_2(UO_2)_2(VO_4)_2 \cdot 3H_2O$	10	< 0.4

表 10.4　我が国の分離プルトニウム保有量 [10]

区分	保管場所		Pu 量（t）
海外保管分	英国		20.8
	仏国		16.2
	小計		37.0
国内保管分	電力会社		1.6
	日本原燃再処理工場		3.6
	研究開発機関	JAEA 再処理工場	0.3
		JAEA 燃料加工施設	3.8
		JAEA その他施設および その他国内研究機関	0.5
	小　　計		9.8
合　　計			46.8

10.5　^{236}Pu の調製 [11]

実験等に使用する際には，短半減期核種である ^{236}Pu が適しており，ここではその製造と実験用試料への調製について述べる。^{236}Pu を生成する核反応には以下のようなものがある。ここで，(10-3) および (10-4) 式の反応では，出発物質となる純粋の RI の調製に難があり，(10-5) 式の ^{237}Np を用いる方法が有用である。

$$^{234}\mathrm{U}(\alpha, 2\mathrm{n})^{236}\mathrm{Pu} \tag{10-3}$$

$$^{235}\mathrm{U}(\mathrm{d},\mathrm{n})^{236\mathrm{m}}\mathrm{Np} \underset{22.5\,\mathrm{h}}{\overset{\beta^-}{\rightarrow}} {}^{236}\mathrm{Pu} \tag{10-4}$$

$$^{237}\mathrm{Np}(\gamma, \mathrm{n})^{236\mathrm{m}}\mathrm{Np} \underset{22.5\,\mathrm{h}}{\overset{\beta^-}{\rightarrow}} {}^{236}\mathrm{Pu} \tag{10-5}$$

次に，^{237}Np を用いた場合には以下のような副反応が起こる。特に ^{238}Pu 同位体の生成は ^{236}Pu 放射能への影響を評価する必要がある。

$$^{237}\mathrm{Np(n,\gamma)}^{238}\mathrm{Np}\ \underset{2.117\,\mathrm{d}}{\overset{\beta^-}{\rightarrow}}\ ^{238}\mathrm{Pu} \tag{10-6}$$

$$^{237}\mathrm{Np}(\gamma,\mathrm{n})^{236\mathrm{m}}\mathrm{Np}\ \underset{2.342\times10^{7}\,\mathrm{y}}{\overset{\mathrm{EC}}{\rightarrow}}\ ^{236}\mathrm{U} \tag{10-7}$$

$$^{237}\mathrm{Np}(\gamma,\mathrm{n})^{236}\mathrm{Np} \tag{10-8}$$

実際には，石英ガラス管に真空封入した ^{237}Np 試料において，電子線照射による Blemsstrahlung により（γ, n）反応が起き，^{236m}Np が生成する。10日ほど経過して，^{236m}Np から ^{236}Pu が十分生成したのを待って，図 10.2 に示す手順で ^{236}Pu 試料を得る。この手順は，陰イオン交換樹脂による分離・精製法である。試料溶液についてイオン交換樹脂への吸着，酸による溶離を繰り返して不純物元素を分離し，^{236}Pu 塩酸溶液とする。最終的に，塩酸溶液から Nb 箔上へ滴下，乾燥させ，α 測定用の線源とし，α スペクトロメトリーにより，放射化学的評価を行う。

図 10.3 には，調製した ^{238}U，^{237}Np，^{236}Pu および ^{241}Am 含有試料の α スペクトルを示す［12］。この試料には放射性核種 ^{147}Sm を含む既知量の天然 Sm を添加してある。図中，2.23MeV には ^{147}Sm の α 線が検出されており，他の核種とのピークの比較により放射能量を定量できる。この図では，^{236}Pu の α 線（5.77MeV）と他の核種，^{238}U（4.20MeV），^{237}Np（4.79MeV）および ^{241}Am（5.49MeV）の α 線ピークが弁別できていることがわかる。

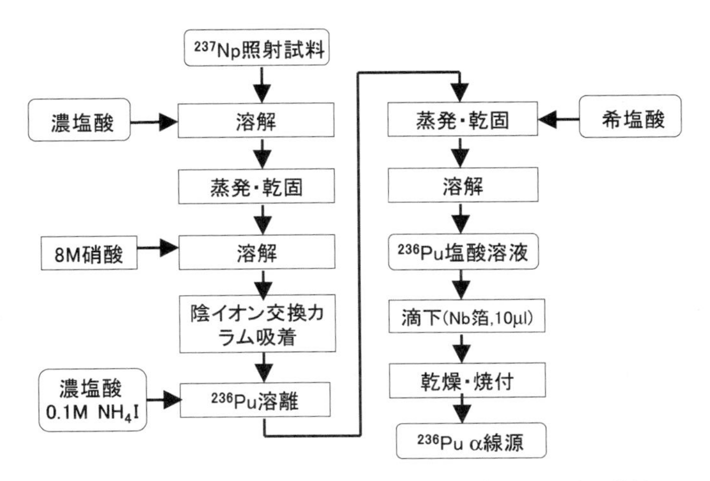

図 10.2　^{237}Np の核反応により生成した ^{236}Pu の分離・精製

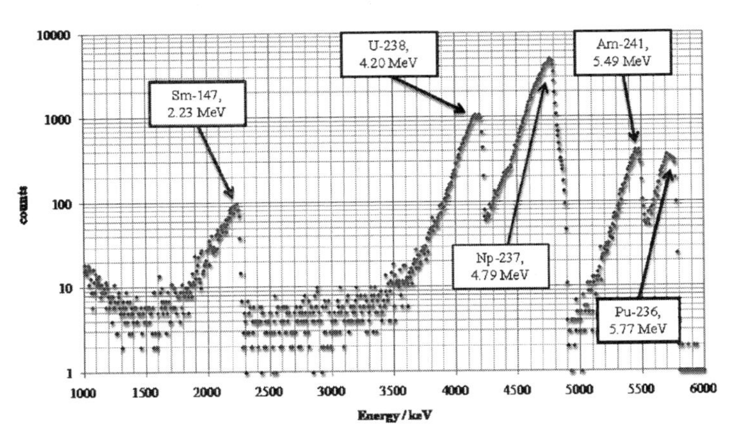

図 10.3　^{238}U, ^{237}Np, ^{236}Pu および ^{241}Am 含有試料の α スペクトル

参考文献

[1] L. R. Morss, N. M. Edelstein, J. Fuger eds, "The Chemistry of the Actinide and Transactinide Elements", 3rd edition, Vol. 2, Springer, (2006) 200.

[2] 工藤和彦, 田中　知編, 「原子力・量子・核融合事典」第V分冊, 丸善出版, (2017)

[3] 原子力化学工学　第III分冊「使用済燃料とプルトニウムの化学工学」, 清瀬良平訳, 日刊工業新聞社, (1984)

[4] 原子力工学シリーズ第3巻「原子炉化学」(上), 内藤奎爾著, 東京大学出版会, (1978)

[5] 佐藤修彰, 桐島　陽, 渡邉雅之, 「ウランの化学（I）－基礎と応用－」, 東北大学出版会, (2020)

[6] G. T. Seaborg, M. L. Pertman, J. Am. Chem. Soc., 70 (1948) 1571

[7] 2019年原子力規制関係法令集, 大成出版社, (2019)

[8] 「核燃料物質・核原料物質の使用に関する規制」, 原子力規制庁, (2013)

[9] D. F. Peppered, M. H. Studier, M. V. Gergel, G. W. Mason, J. C. Sullivan, H. F. Mech, J. Am. Chem. Soc., 73 (1951) 2529

[10] 平成29年第27回原子力委員会資料, (2017)

[11] H. Yamana, T. Yamamoto, K. Kobayashi, T. Mitsugashira, H. Moriyama, J. Nucl. Sci. Tech., 38 (2001) 859-865

[12] A. Kirishima, M. Hirano, T. Sasaki, N. Sato, J. Nucl. Sci. Tech., 52 (2015) 1240-1244

第 11 章　金属および水素化 [1-4]

11.1　金属の合成法

プルトニウムはウランやトリウムと同様，酸化物が安定であり，ハロゲン化物の活性金属還元法や溶融塩電解法により得る。

$$PuO_2 + 2Ca \rightarrow Pu + 2CaO \tag{11-1}$$

$$PuF_4 + 2Ca \rightarrow Pu + 2CaF_2 \tag{11-2}$$

$$2PuCl_3 + 3Ca \rightarrow 2Pu + 3CaCl_2 \tag{11-3}$$

これらの反応について Gibbs 自由エネルギー変化を図 11-1 に示す。

酸化物や塩化物の Ca 還元反応に比べると，フッ化物の Ca 還元反応の値が負に大きく，進行しやすいことがわかる。

さらに，生成物の流動性を高め，分離をよくするために，ヨウ素を添加する例もある。この場合の Gibbs 自由エネルギー変化を図 11-1 に比較して示した。上記 3 種の還元反応に比べ，ヨウ素を添加した場合には，さらに

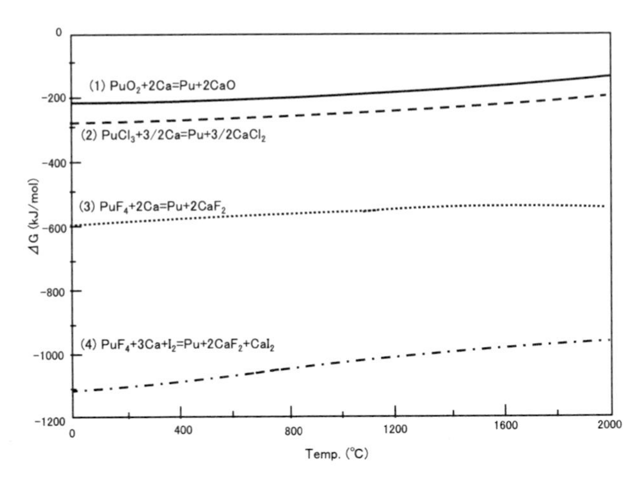

図 11-1　カルシウム還元による Pu 金属生成反応の Gibbs 自由エネルギー変化 [5]

大きな負値を示しており，生成物の物性改善とともに，反応もしやすくなることがわかる。

$$PuF_4 + 3Ca + I_2 \rightarrow Pu + 2CaF_2 + CaI_2 \quad (11\text{-}4)$$

工業的な製法としては，酸化物の直接還元法（DOR:Direct Oxide Reduction）がある。MgO製容器に，所定量のPuO_2と金属Caを入れ，$CaCl_2$あるいは$CaCl_2$-CaF_2をフラックス材としてを添加する。820℃以上に加熱すると溶融塩化物内で還元反応が進行し，875℃まで温度が上昇する。反応は15分程度で終了し，容器下部に堆積したPu金属を分離・回収する。

金属Pu中にはβ^-壊変により生成する金属Amが混在しており，適宜，Amを除去して精製する必要がある。NaCl-KC1溶融塩中にて$MgCl_2$を添加すると，次式のようにAmが$AmCl_3$としてフラックス中に分離される。Puも同様に塩化されるが，$PuCl_3$がAmを塩化して，金属に戻る。また，金属Amや低級酸化物AmO_{2-x}は蒸気圧が高いので，還元雰囲気にてAm含有Pu金属を高周波炉等で加熱処理することにより，Amを直接揮発分離する方法もある。

$$2Am + 3MgCl_2 \rightarrow 2AmCl_3 + 3Mg \quad (11\text{-}5)$$

$$2Pu + 3MgCl_2 \rightarrow 2PuCl_3 + 3Mg \quad (11\text{-}6)$$

$$Am + PuCl_3 \rightarrow AmCl_3 + Pu \quad (11\text{-}7)$$

11.2　金属の性質

表11.1にはプルトニウム金属の性質を示した。プルトニウム金属にはα相からε相まで7つの相変態がある。ウラン以上に相変態が多いので，純金属の金属燃料としての利用は難しく，合金化により，特性改善を図っている。密度はα相が20近くと最も高く，ウランの2倍もあり，重たい。

表 11.1　プルトニウム金属の性質

相	結晶系	格子定数				単位格子あたりの原子数	密度 (g/cm^3)	変態点 (℃)
		a (Å)	b (Å)	c (Å)	β (o)			
α	単斜	6.183	4.822	10.963	101.79	16	19.85	397.6 ($\alpha \rightarrow \beta$)
β	単斜	9.284	10.463	7.859	93.13	34	17.71	487.9 ($\beta \rightarrow \gamma$)
γ	斜方	3.159	5.768	10.162	−	8	17.15	593.1 ($\gamma \rightarrow \delta$)
δ	面心立方	4.6371	−	−	−	4	15.92	736.0 ($\delta \rightarrow \delta$') "
δ'	正方	3.34	−	4.44	−	2	16.03	"755.7 (δ' → ε) "
ε	体心立方	3.636	−	−	−	2	16.51	913.0 (融点)

11.3　水素化物

プルトニウム水素化物は金属と水素との直接反応により得る。

$$Pu + x/2 H_2 \rightarrow PuHx \tag{11-8}$$

水素化物の性質を表 11.2 に示す。PuH_2, $Pu_{2.51}$, PuH_3 がある。$Pu_{2.51}$ の水素不定比性は 2.15-2.70 と報告されている。水素化物は低温において熱分解して金属となるので，金属塊から水素化，熱分解を経て粉末を製造する方法もある。

$$PuH_2 \rightarrow Pu + H_2 \tag{11-9}$$

表 11.2　プルトニウム水素化物の性質

化合物	結晶系	格子定数（Å）		単位格子あたりの原子数	密度 (g/cm³)
		a	c		
PuH_2	面心立方	5.359	–	4	10.40
$PuH_{2.51}$	面心立方	5.342	–	4	–
PuH_3	六方	3.78	6.76	2	9.608

参考文献

［1］ L. R. Morss, N. M. Edelstein, J. Fuger eds, “The Chemistry of the Actinide and Transactinide Elements”, 3rd edition, Vol.2, Springer, (2006) 200.

［2］ 中井敏夫，斎藤信房，石森富太郎編，プルトニウム」，「無機化学全書」第XVII－2分冊，「丸善出版，(1967)

［3］ 工藤和彦，田中　知編，「原子力・量子・核融合事典」第Ⅴ分冊，丸善出版，(2017)

［4］ 佐藤修彰，桐島　陽，渡邉雅之，「ウランの化学（I）－基礎と応用－」，東北大学出版会，(2020)

［5］ HSC Chemistry v.10, (2020)

第12章　酸化物

12.1　合成法 [1,2]

Pu酸化物には，表12.1に示すようなものがある。UO_2と同様にPuO_2が安定な酸化物であり，Pu(Ⅳ) のシュウ酸塩や，硝酸塩，水酸化物，過酸化物を空気中800 ～ 1000℃にて加熱・分解させて量論組成の$PuO_{2.00}$を得る。一例として水酸化物の分解反応を（12-1）に示す。水酸化物や過酸化物の分解は200 ～ 300℃で進行する。純粋かつ結晶性のよい試料を得るためには，1200℃で定量になるまで加熱処理することが望ましい。PuO_2生成に関わる他の化合物の分解反応については，ThO_2生成の場合と同様であり，本書3.4節16元素化合物の合成を参照されたい。一方，1350℃以上では，さらに熱分解が進行して，一部α-Pu_2O_3となるので，PuO_2生成のためには酸化性雰囲気が必要である。また，α-Pu_2O_3の製法として，PuO_2をTaるつぼで高真空1650-1800℃にて加熱するか，あるいはアルゴンアーク溶解して得る方法がある。さらに，黒鉛るつぼを用いて同温度にて真空加熱しても得る。高温α'-Pu_2O_3はα-Pu_2O_3の高温形と考えられ，溶融状態から急冷して得る。PuOはThOと同様，金属表面の薄膜として存在するが，単体での合成は難しい。

$$Pu(OH)_4 \rightarrow PuO_2 + 2H_2O \qquad (12\text{-}1)$$

$$2PuO_2 + C \rightarrow Pu_2O_3 + CO \qquad (12\text{-}2)$$

一方，酸性溶液中に酸素等酸化性ガスを吹き込み，プルトニルイオン（PuO_2^{2+}）共存下での電解還元により，PuO_2を得る方法もあり，標準線源の製造に利用されている。

$$PuO_2^{2+} + 2e \rightarrow PuO_2 \qquad (12\text{-}3)$$

表 12.1　プルトニウム酸化物

酸化物	O/M	色	結晶系	格子定数（Å）		単位格子当たりの分子数	密度 (g/cm^3)
				a	c		
PuO	1	黒	面心立方	4.961		4	13.88
$PuO_{1.5}$ (β-Pu_2O_3)	1.5	黒	六方	3.841	5.958	1	11.47
$PuO_{1.51}$ (α-Pu_2O_3)	1.51	銀	体心立方	11.02		16	10.44
$PuO_{1.61}$ (α'-Pu_2O_3)	1.61	黒	体心立方	10.95 − 11.01			
PuO_2	2	茶	面心立方	5.3960		4	11.46
$PuO_{2.26}$	2.26	橙	面心立方	5.4141			

12.2　二酸化物

プルトニウム二酸化物（PuO_2）は化学的安定な物質である。そのため，酸素が多い大気中では，最も多く存在するプルトニウムの化学形は PuO_2 であると考えられる。酸化物としては他に PuO_2 の還元体である Pu_2O_3 が知られているが，PuO_2 を高温の水素ガス中で還元する方法で Pu_2O_3 を得るのは，あまりに PuO_2 と Pu_2O_3 の平衡酸素分圧が低すぎるためかなり困難である。（12.1 節　合成法，図 12.1 参照。）

Pu_2O_3 は，12.1 節の方法の他に，金属 Pu を徐々に酸化することにより得ていることが多い。PuO_2 は，蛍石（CaF_2）型酸化物構造を取っており，酸素不定比組成を取りやすい。化学式としては PuO_{2-x}（x：酸素欠損量）と示される。また蛍石型酸化物の場合，$2-x$ は，結晶中の酸素原子（O）と金属原子（M）の個数比であり，酸素不定比組成（O/M，呼び方：オウバイエム）と呼ばれる。

蛍石型酸化物にとって，酸素欠陥を持つことは結晶安定性と相関するとても重要な性質である。そのため，蛍石型酸化物の物理・化学的性質は酸素欠陥量 x によって変化する。例えば，PuO_{2-x}（$x > 0$）の融点は，x に依存している。$PuO_{1.9}$（$x = 0.1$）の融点は，PuO_2（$x = 0$）よりも約 200 K 低

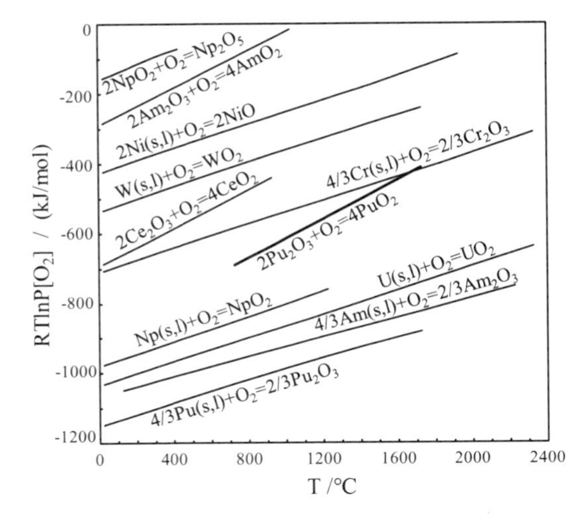

図 12.1　酸素の部分モルギブスエネルギーと温度の関係
(Ellingham diagram)，R：気体定数、P*[O_2]：平衡酸素分圧
下側の方が還元性の強い領域である。1600°C以下の温度では，Pu_2O_3/PuO_2 の平衡酸素分圧は、W/WO_2 や Cr/Cr_2O_3 よりも低い。Np_2O_5[3]，NpO_2, NiO, WO_2, CeO_2, Ce_2O_3, Cr_2O_3, UO_2[4]，PuO_2, Pu_2O_3[5]，Am_2O_3, AmO_2[6].

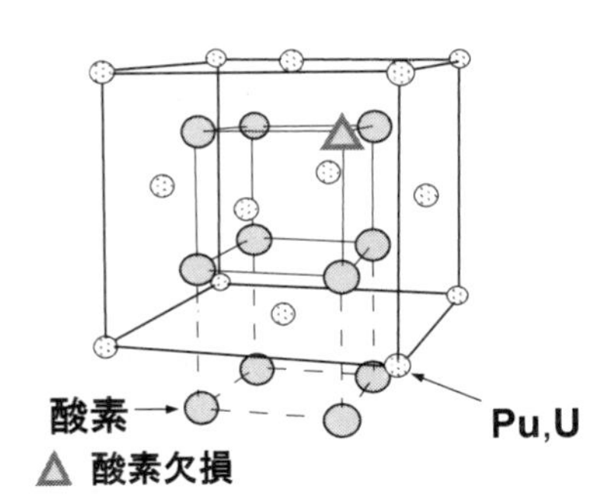

図 12.2　蛍石型酸化物の結晶構造

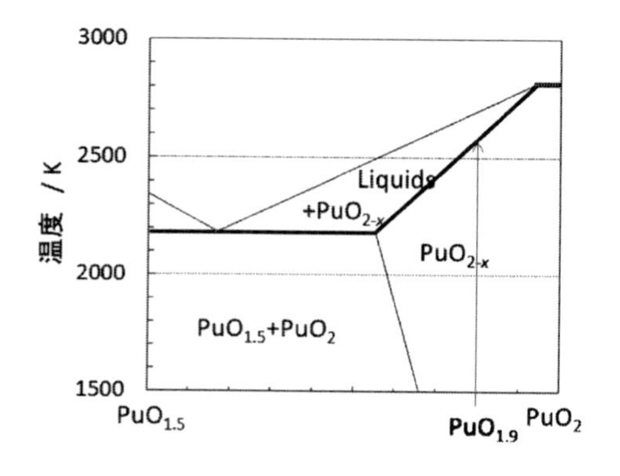

図 12.3　$PuO_{1.5}$ − PuO_2 の状態図［7］

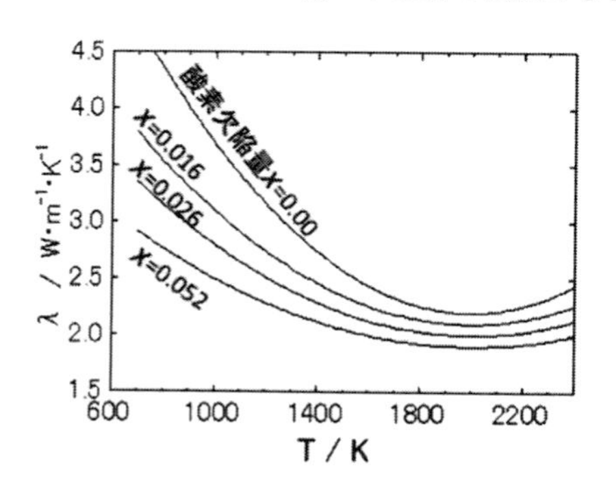

図 12.4　$Pu_{0.15}U_{0.85}O_{2-x}$ の熱伝導率と温度の関係［8］

い（図 12.3 参照）。PuO_{2-x} の物理・化学的性質のデータを取得するときには酸素欠損量 x を制御して測定することが重要である。

高速増殖炉用酸化物燃料（通称，ウラン・プルトニウム混合酸化物（MOX）燃料）の化学形であるウラン・プルトニウム二酸化物（$Pu_yU_{1-y}O_{2-x}$）の熱伝導率は，原子燃料物性として照射挙動に特に重要な性質であるが，x が大きくなると小さくなる。

この図からわかるように x = 0.052 の熱伝導率は，x = 0.00 に比べて 0.6 〜 0.8 倍になる。ウラン・プルトニウム二酸化物（$Pu_yU_{1-y}O_{2-x}$）は，実際

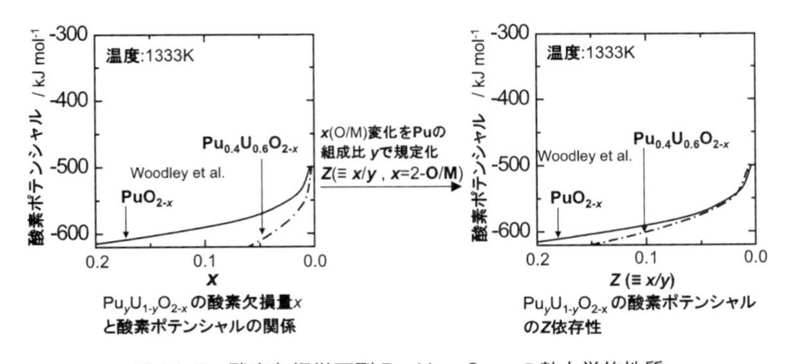

図 12.5　酸素欠損蛍石型 $Pu_yU_{1-y}O_{2-x}$ の熱力学的性質

に，プルサーマル燃料や高速炉用酸化物燃料の化学形として実用化されているまたは実用化が試みられているため，様々な熱力学的性質や熱伝導率などの燃料物性，機械学的特性が測定されている他，照射試験もなされている。(17.3 節 MOX 燃料参照。) そのため，ウラン・プルトニウム二酸化物だけ様々な試験データが揃っている。ただし，ウラン・プルトニウム二酸化物は，ウラン・プルトニウム混合酸化物と呼ばれているが，物質名としては，蛍石型ウラン・プルトニウム酸化物固溶体とした方が正確である。

ウラン・プルトニウム二酸化物（$Pu_yU_{1-y}O_{2-x}$）には，蛍石型酸化物としての系統的な熱力学的特徴を持っている。それは，「酸素欠陥量 x を Pu の組成比 y で規定化して，Z (≡ $x/y, x = 2 - \mathrm{O/M}$) と定義すると，酸素ポテンシャルの Z 依存性は，ほとんど一つの曲線になる。」ということである。つまり，「酸素ポテンシャルは，U の組成比に関わらず，Pu イオンの原子価にのみ依存する。[8]」と言い換えることが出来る。(図 12.5 参照。)

「ウランとプルトニウムは化学的に類似した元素であるので，おそらくは両者の化学毒性も類似している。」という説明が為されることがある。確かに，幅広い温度範囲でウラン二酸化物とプルトニウム二酸化物が同じ結晶構造（蛍石型酸化物構造）を持つことは事実であるが，ウランイオンが酸化物結晶中で，通常＋4と＋5，＋6の原子価を取るのに対して，プルトニウムイオンは，酸化物結晶中で，通常＋3と＋4の原子価を取る。そのために，ウラン二酸化物が，酸化物イオン過剰型の蛍石型酸化物構造（UO_{2+x} (x > 0)）と取るのに対して，プルトニウム二酸化物は，酸化物イオン欠損型の蛍石型酸化物構造（PuO_{2-x} (x > 0)）を取る。これらのことからも両者の化学的性質には相違点が多々ある。ウランの化学的性質については，前著の「ウランの化学（I）－基礎と応用－」第4章参照［2］。

PuO_{2-x}（x > 0）の電子伝導性は酸素欠損量xで変化するが，何れのxに対しても低い。一方，優れた酸化物イオン伝導性を持つCa添加ジルコニウム酸化物（$Zr_{1-y}Ca_yO_{2-y}$）などの酸素欠損蛍石（CaF_2）型酸化物と同様な構造をとるために，PuO_{2-x}は優れた酸化物イオン伝導性を示すと考えられる。しかし，このような基本的な性質についても詳細な研究は為されていないのが現状である。

12.3　複合酸化物

ウラン・プルトニウム混合酸化物（MOX）燃料燃焼中には核分裂反応により発生した様々なFP元素が，母相であるウラン・プルトニウム混合酸化物中に固溶したり，母相（$U_{1-y}Pu_yO_{2-x}$）には固溶しないものの，母相の周辺領域にウランやプルトニウムと共に複合酸化物（例$Ba(U, Pu)O_3$）として偏析したりする。そのため，ペロブスカイト型構造を持つ$BaPuO_3$などの複合酸化物単相が調製されて，熱力学的性質や結晶学的性質が報告されている。

しかし，酸化物燃料の母相であるウラン・プルトニウム混合酸化物の蛍石型酸化物中にFP元素が入った時のPuの化学的挙動は充分に明らかにされているとは言い難い。

主要なFP元素であるZrの一部は，照射中に酸化物燃料の母相に取込まれる。アクチノイド元素やランタノイド元素とZrの等モル組成付近の酸化物として，複合酸化物であるパイロクロア型酸化物が安定相として優先的に生成する。ただし，パイロクロア型構造は，蛍石型の超格子構造であ

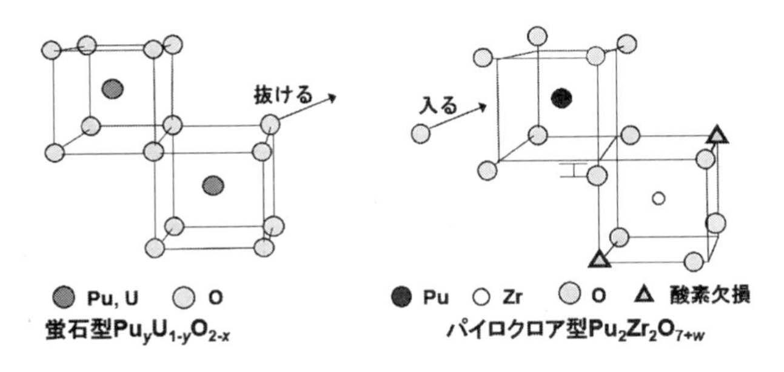

図 12.6　酸素欠損蛍石型 $Pu_yU_{1-y}O_{2-x}$ と，酸素過剰パイロクロア型 $Pu_2Zr_2O_{7+w}$ の格子欠陥構造

る。それゆえ，ウラン・プルトニウム混合酸化物（$Pu_yU_{1-y}O_{2-x}$）の酸素欠損蛍石型酸化物固溶体の結晶構造と，酸素過剰パイロクロア型プルトニウム・ジルコニウム酸化物 $Pu_2Zr_2O_{7+w}$ の結晶構造は見かけ上よく似ている(図 12.6 参照)。そのため，パイロクロア型プルトニウム酸化物の化学的性質を明らかにして，蛍石型プルトニウム二酸化物の化学的性質と比較することは，それらの結晶構造中のプルトニウムの化学的状態を知るために重要である。

パイロクロア型プルトニウム・ジルコニウム酸化物 $Pu_2Zr_2O_{7+w}$ の酸素欠陥量と酸素ポテンシャルの関係の解明を試みた。その結果を，蛍石型プルトニウム酸化物 PuO_{2-x} や，プルトニウムのコールド代替物質であるセリウムの蛍石型酸化物 CeO_{2-x} とパイロクロア型セリウム・ジルコニウム酸化物 $Ce_2Zr_2O_{7+w}$ の結果と合わせて図 12.7 に示す。

PuO_{2-x} と $Pu_2Zr_2O_{7+w}$ の酸素欠陥量変化は，すべて Pu の原子価変化（$+3 \leftrightarrow +4$）に依る（CeO_{2-x} と $Ce_2Zr_2O_{7+w}$ の酸素欠陥量変化は，すべて Ce の原子価変化（$+3 \leftrightarrow +4$）に依る)。一方，酸素ポテンシャル変化は，結晶が単相であれば酸素欠陥量に 1 対 1 に対応する変数であるが，結晶中の Pu または Ce イオンの原子価変化にのみ起因する。それゆえ，これらの酸化物の酸素欠陥量と酸素ポテンシャルの関係は，それぞれの結晶中の Pu または Ce の化学的性質を示す指標である。

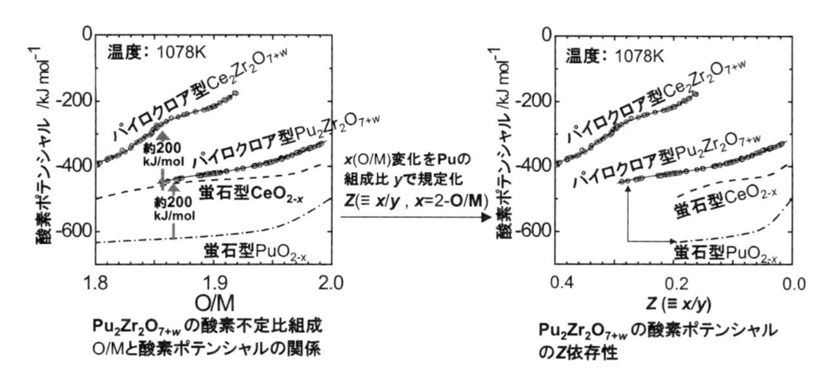

図 12.7　パイロクロア型 $Pu_2Zr_2O_{7+w}$ の熱力学的性質

図 12.7 から，$Pu_2Zr_2O_{7+w}$ や $Ce_2Zr_2O_{7+w}$ の酸素ポテンシャルは，同じ酸素不定比組成（O/M）の PuO_{2-x} や CeO_{2-x} に比べて約 200 kJ/mol 高いことが分かるが，酸素ポテンシャル差の200kJ/molというのは，平衡酸素分圧で考えると，1×10^{10}atm 異なること，つまり，PuO_{2-x} と $Pu_2Zr_2O_{7+w}$ の Pu イオンの化学的状態は全く異なることを意味している。12.2 節二酸化物で紹介した，ウラン・プルトニウム混合酸化物（$Pu_yU_{1-y}O_{2-x}$）の酸素ポテンシャルが U の組成比に関わらず Pu の平均原子価にのみ依存するという蛍石型酸化物 $Pu_yU_{1-y}O_{2-x}$ の特徴とは，大きく異なっている。

パイロクロア型と蛍石型酸化物の結晶構造はともに立方晶系であり，両者の高温化学的性質は，同一として取り扱われることも多かったが，それら結晶中に含まれる Pu や Ce の化学的状態には著しい相違がある。

次に，蛍石型酸化物構造を持つプルトニウム・ジルコニウム酸化物固溶体 $Pu_{0.5}Zr_{0.5}O_{2-x}$ の酸素欠損量 x と酸素ポテンシャルの関係を測定した。ジルコニウムイオンは，高温固体中で原子価が＋4価で変化せず Zr^{4+} になっていると考えられる。一方，$(Pu, U)O_{2-x}$ のウランイオンも，対象としている測定温度と酸素欠損量 x の範囲では，原子価が＋4価で変化せず U^{4+} になっていると考えられる。それゆえ，$Pu_{0.5}Zr_{0.5}O_{2-x}$ と（Pu, U）O_{2-x}

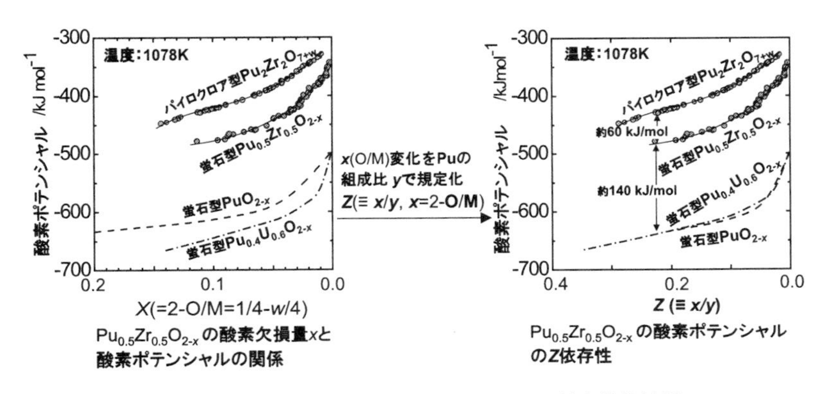

図 12.8　酸素欠損蛍石型 $Pu_yZr_{1-y}O_{2-x}$ の熱力学的性質

の酸素欠陥量変化は，両者とも Pu の原子価変化（+ 3↔+ 4）にのみ起因している。一方，酸素ポテンシャル変化も，原子価変化（+ 3↔+ 4）にのみ起因する。一例として示すと，(Pu, U)O_{2-x} の酸素ポテンシャルは，(Pu, U)$O_{2-x-\delta}$（$0 < \delta << x$）と (Pu, U)O_{2-x} の平衡酸素分圧であり，この化学平衡を式で表わすと，(Pu, U)$O_{2-x-\delta}$ + δ/2・O_2 ↔ (Pu, U)O_{2-x} である。結晶中の 2δ 個の Pu^{3+} と気体の δ/2 個の O_2 から，結晶中の 2δ 個の Pu^{4+} と δ 個の O^{2-} への可逆変化を示している。測定結果を図 12.8 に示す。

$Pu_{0.5}Zr_{0.5}O_{2-x}$ の酸素ポテンシャルは，同じ酸素不定比組成（O/M）に対して，パイロクロア型 $Pu_2Zr_2O_{7+w}$ よりも約 60 kJ/mol 低く，蛍石型 PuO_{2-x} や $Pu_{0.4}U_{0.6}O_{2-x}$ の酸素ポテンシャルよりも約 140 kJ/mol 高くなった。

12.2 節二酸化物で記述したように，蛍石型 (Pu, U)O_{2-x} の酸素ポテンシャルは U の組成比に関わらず Pu の平均原子価にのみ依存する。ただし，蛍石型 (Pu, U)O_{2-x} はイオン半径差の小さな金属であるプルトニウムとウランで構成されている。

$Pu_{0.5}Zr_{0.5}O_{2-x}$ が，(Pu, U)O_{2-x} のような酸素欠損蛍石型構造をとる場合

には，その酸素ポテンシャルは，PuO_{2-x} や $Pu_{0.4}U_{0.6}O_{2-x}$ と同様な値をとると考えられるのに，酸素ポテンシャルの測定結果は大きく異なっている。$Pu_{0.5}Zr_{0.5}O_{2-x}$ の酸素ポテンシャルは，蛍石型構造というよりもパイロクロア型構造の値に近く，$Pu_{0.5}Zr_{0.5}O_{2-x}$ は微視的には蛍石型構造的秩序ではなくてパイロクロア型構造的秩序が支配的であると考えることが出来る。パイロクロア型酸化物はイオン半径の大小の金属イオンで構成された複合酸化物であることを考えると，$Pu_{0.5}Zr_{0.5}O_{2-x}$ のようなイオン半径の大小の金属イオンで構成された蛍石型酸化物の化学的性質や格子欠陥が $(Pu, U)O_{2-x}$ のようなイオン半径差の小さい金属イオンで構成された蛍石型酸化物とは異なると考えるべきである。厳密には，酸化物固溶体と複合酸化物は，異なる結晶構造を示しているので，両者を区別する必要がある。しかし，$Pu_{0.5}Zr_{0.5}O_{2-x}$ のように，二酸化物（酸化物固溶体）とするのか，複合酸化物とするのか区別するのが難しい物質もある。既成の言葉の範囲を飛び越える化学的性質を示す物質を見つけるのが化学研究の重要な目的である。本書では，蛍石型 $Pu_{0.5}Zr_{0.5}O_{2-x}$ の化学的性質は，複合酸化物であるパイロクロア型酸化物の特徴を示すことを理由にして，蛍石型 $Pu_{0.5}Zr_{0.5}O_{2-x}$ を 12.3 節複合酸化物に記載した。

参考文献

［1］ L. R. Morss, N. M. Edelstein, J. Fuger eds, “The Chemistry of the Actinide and Transactinide Elements” , 3rd edition, Vol.1 , Springer, (2006) 200.
［2］ 佐藤修彰，桐島　陽，渡邉雅之，「ウランの化学（I）－基礎と応用－」，東北大学出版会，(2020)
［3］ Robert J. Lemire et al., Chemical Thermodynamics 4 , Chemical Thermodynamics of Neptunium and Plutonium, 2001 , Elsevier.
［4］ Ihsan Barin, Thermochemical Data of Pure Substances, Third Edition, VCH.
［5］ T.B. Lindemer, ORNL/TM-2002/133 , 2.
［6］ Christine Guéneau, Christian Chatillon , Bo Sundman,　J. Nucl. Mater., 378 (2008) 257–272.
［7］ C. Duries et al. J. Nucl. Mater., 277 (2000) 143-158.
［8］ T. L. Markin, E. J. McIver, Plutonium 1965 , 44 (1965) 845-857.

第13章　ハロゲン化物 [1-3]

プルトニウムは（Ⅲ）～（Ⅵ）の原子価をとるものの，ウランほど高酸化状態が安定ではなく，（Ⅲ）および（Ⅳ）の化合物が安定である。一方，酸素共存では高酸化状態が安定となる。表13.1にはPuの価数に対するハロゲン化物およびオキシハロゲン化物を示した。フッ素を含む系では（Ⅲ）～（Ⅵ）のフッ化物およびオキシハロゲン化物が存在する。一方，塩素の系では（Ⅲ）および（Ⅳ）塩化物があるものの，臭素やヨウ素の系では，（Ⅲ）のハロゲン化物およびオキシハロゲン化物のみとなる。

表13.1　プルトニウムのハロゲン化物およびオキシハロゲン化物

	Pu価数	F	Cl	Br	I
ハロゲン化物	Ⅲ	PuF_3（青紫）	$PuCl_3$（青緑）	$PuBr_3$（緑）	PuI_3（明緑）
	Ⅳ	PuF_4（黄褐色）	$PuCl_4$（赤橙）	−	−
	Ⅵ	PuF_6（褐色）	−	−	−
オキシハロゲン化物	Ⅲ	PuOF（黒）	$PuOC_l$（青緑）	$PuOB_r$（淡緑）	PuOI（緑）
	Ⅵ	PuO_2F_2 $PuOF_4$	−	−	−

13.1　ハロゲン化物

(a) フッ化物

三フッ化物を合成する場合には，還元雰囲気における二酸化物とHFとの反応を利用する。シュウ酸塩の場合には直接PuF_3を生成する。一方，PuF_3は難溶性であり，Pu（Ⅲ）溶液にフッ化水素酸を添加するとPuF_3の沈殿を生成し，乾燥後，無水PuF_3を得る。

$$2PuO_2+6HF+H_2 \rightarrow 2PuF_3+4H_2O\ (600℃) \quad (13\text{-}1)$$

$$2Pu_2(C_2O_4)_3+6HF \rightarrow 2PuF_3+2CO+3CO_2+3H_2O \quad (13\text{-}2)$$

$$Pu^{3+}+3F^- \rightarrow PuF_3 \quad (13\text{-}3)$$

四フッ化物の合成について，UF_4の場合にはUO_2とHFとの反応により合成できるが，Puの場合にはPuF_3が混在するので，酸化雰囲気（O_2）において行う。ウランの場合では，(VI) まで高まる可能性があるが，プルトニウムでは (IV) で留まる。

$$PuO_2 + 4HF \rightarrow PuF_4 + 2H_2O \ (550^\circ C, O_2) \quad (13\text{-}4)$$

六フッ化物を合成する場合には，酸化性フッ化剤であるフッ素を用いる。低温で反応開始（着火）するものの，大きな発熱反応であり，不活性ガスとの混合によりフッ素濃度を低減したり，流量を速成したりして，反応温度を制御する必要がある。また，HFより高価であるため，HFによりPuF_4を合成後，フッ素によりPuF_6とする2段階フッ化もある。

$$PuO_2 + 2F_2 \rightarrow PuF_6 + O_2 \ (300^\circ C) \quad (13\text{-}5)$$

$$PuF_4 + F_2 \rightarrow PuF_6 \ (300^\circ C) \quad (13\text{-}6)$$

表13.2にプルトニウムフッ化物の結晶構造を示す。PuF_3，PuF_4，PuF_6はそれぞれ，三斜晶，単斜晶，斜方晶をとる。

表13.2　プルトニウムハロゲン化物の結晶構造

	分子式	結晶系	格子定数				密度 (g/cm³)	融点 (℃)
			a（Å）	b（Å）	c（Å）	β (o)		
フッ化物	PuF_3	三斜	7.092	–	7.254	–	9.32	1425
	PuF_4	単斜	12.59	10.69	8.29	126.0	7.04	1037
	PuF_6	斜方	7.9360	3.8510	5.7336	–	10.15	51.59*
塩化物	$PuCl_3$	六方	7.394	–	4.243	–	5.708	760
臭化物	$PuBr_3$	斜方	4.097	12.617	9.147	–	6.71	681
ヨウ化物	PuI_3	斜方	4.097	12.617	9.147	–	6.92	777

* 三重点

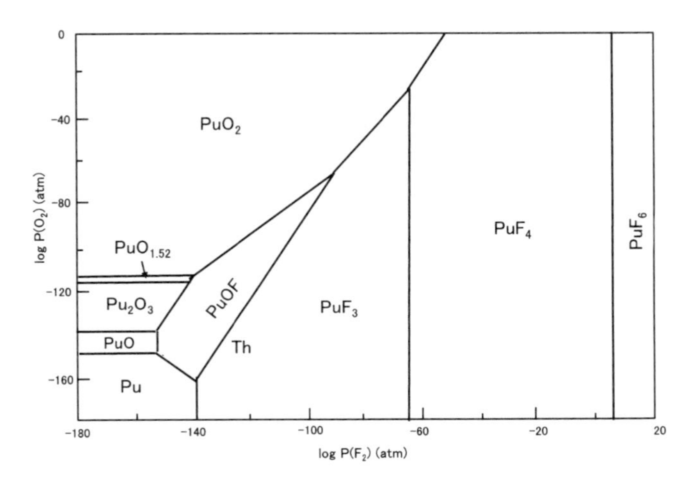

図13.1　Pu-F_2-O_2系化学ポテンシャル図（100℃）[5]

PuF_6は常温でも70torr程度の蒸気圧があり，また分解してPuF_4など低級フッ化物となりやすく，気体フッ化剤として反応する。実際フッ化物揮発プロセス（ウランの化学（I），第12章）[4]では，揮発したPuF_6ガスとUO_2F_2とを反応させて，UF_6を揮発分離精製している。さらに，PuF_6とPuF_3による均化反応もある。

$$PuF_6 + BrF_3 \rightarrow PuF_4 + BrF_5 \tag{13-7}$$

$$PuF_6 + UO_2F_2 + F_2 \rightarrow PuF_4 + UF_6 + O_2 \tag{13-8}$$

$$PuF_6 + 2PuF_3 \rightarrow 3PuF_4 \tag{13-9}$$

次に，Pu-F_2-O_2系の化合物の安定状態を理解するために，熱力学計算ソフトHSCを用いて作成した100℃におけるPu-F_2-O_2系化学ポテンシャル図を図13.1に示す[5]。横軸および縦軸はそれぞれ，フッ素ポテンシャル（log(P(F_2)(atm))）および酸素ポテンシャル（log(P(O_2)(atm))）を示す。Puの場合には最大価数が（VI）であり，ウランの場合（ウランの化学（I)，第5章，図5.3)［4］と同様なフッ化物を生成する。しかし，高酸化状態はウランの場合ほど安定ではなく，PuF_3 や PuF_4 の領域が広い。酸化物は PuO_2 の他，PuO や Pu_2O_3，$PuO_{1.52}$ といった低級酸化物がある。さらに，Pu(IV) や Pu(VI) のオキシフッ化物は存在せず。Pu(III) のオキシフッ化物 PuOF が現れる。

(b) 塩化物

プルトニウムの安定な塩化物は，$PuCl_3$ のみである。合成法は，(1) 酸化物と四塩化炭素との反応，(2) シュウ酸塩と塩化水素との反応，(3) 金属と塩素との反応がある。

$$2PuO_2 + 2CCl_4 \rightarrow 2PuCl_3 + 2CO_2 + Cl_2\ (500^\circ C) \quad (13\text{-}10)$$

$$2Pu_2(C_2O_4)_3 \cdot 10H_2O + 6HCl \rightarrow 2PuCl_3 + 3CO + 3CO_2 + 12H_2O \quad (13\text{-}11)$$

$$2Pu + 3Cl_2 \rightarrow 2PuCl_3\ (300-500^\circ C) \quad (13\text{-}12)$$

次に，$Pu\text{-}Cl_2\text{-}O_2$ 系の化合物の安定状態を理解するために，熱力学計算ソフト HSC を用いて作成した100℃における $Pu\text{-}Cl_2\text{-}O_2$ 系化学ポテンシャル図を図13.2に示す［5］。横軸および縦軸はそれぞれ，塩素ポテンシャル（$\log(P(Cl_2)(atm))$）および酸素ポテンシャル（$\log(P(O_2)(atm))$）を示す。Pu の場合には最大価数が（VI）であり，ウランの場合（ウランの化学（I)，第5章，図5.4)［4］と同様な塩化物を生成する。しかし，高酸化状態はウランの場合ほど安定ではなく，$PuCl_3$ や $PuCl_4$ の領域は存在するが，$PuCl_5$ や $PuCl_6$ の領域は見られない。さらに，Pu(IV) や Pu(VI) のオキシ塩化物は存在せず，Pu(III) のオキシフッ化物 PuOCl が現れる。

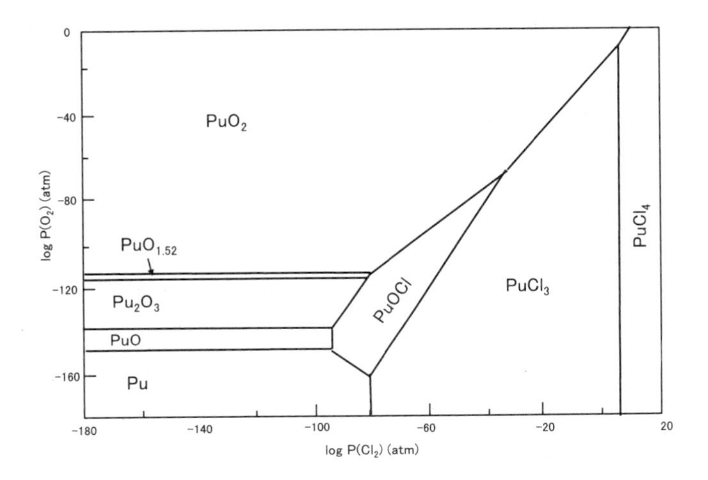

図13.2　Pu-Cl_2-O_2系化学ポテンシャル図（100℃）[5]

(c)　臭化物とヨウ化物

プルトニウム臭化物は，$PuBr_3$のみである。合成法は，(1) 金属と臭素との反応や，(2) 水素化物と臭化水素との反応がある。

$$2Pu + 3Br_2 \rightarrow 2PuBr_3 \tag{13-13}$$

$$PuH_3 + 3HBr \rightarrow PuBr_3 + 3H_2 \ (600^\circ C) \tag{13-14}$$

プルトニウムヨウ化物は，PuI_3の合成法には，金属とヨウ素あるいはヨウ化水銀との反応がある。

$$2Pu + 3I_2 \rightarrow 2PuI_3 \tag{13-15}$$

$$2Pu + 3HgI_2 \rightarrow 2PuI_3 + 3Hg \ (500^\circ C) \tag{13-16}$$

13.2　オキシハロゲン化物

酸化物からハロゲン化物を合成する場合やハロゲン化物が水や酸素と

反応する場合には，酸素とハロゲンを含むオキシハロゲン化物が生成する。

$$2PuCl_3 + O_2 \rightarrow 2PuOCl + 2Cl_2 \quad (13\text{-}17)$$

$$PuBr_3 + H_2O \rightarrow PuOBr + 2HBr \quad (13\text{-}18)$$

表13.3にはPu(Ⅲ) およびPu(Ⅵ) の場合のオキシハロゲン化物の性質を示す。Pu(Ⅲ) の場合，いずれのハロゲンも正方晶のPuOXを生成し，格子定数は原子番号の増加とともに大きくなる。Pu(Ⅳ) の場合には，オキシハロゲン化物は生成しない。Pu(Ⅵ) の場合は，オキシフッ化物に限定され，O/F比の異なる化合物がある。酸化物からハロゲン化物の合成やフッ化物の加水分解が段階的に起こる。

$$PuF_6 + H_2O \rightarrow PuOF_4 + 2HF \quad (13\text{-}19)$$

$$PuOF_4 + H_2O \rightarrow PuO_2F_2 + 2HF \quad (13\text{-}20)$$

特に後者の反応では，さらに高温における加水分解により (Ⅵ) → (Ⅳ) への還元も進み，最終的にMOX燃料用MO_2製造に利用される。

$$MO_2F_2 + 2H_2O \rightarrow MO_2 + 4HF \ (M = U,\ Pu) \quad (13\text{-}21)$$

表13.3　プルトニウムオキシハロゲン化物の性質

	分子式	結晶系	格子定数（Å）		密度 (g/cm³)
			a	c	
Pu(Ⅲ)	PuOF	正方	4.05	5.71	8.20
	PuOCl		4.012	6.792	8.82
	PuOBr		4.022	7.571	9.08
	PuOI		4.042	9.169	8.47
Pu(Ⅵ)	PuO_2F_2	菱面体	4.154	15.84	6.50
	$PuOF_4$	三斜	12.90	5.56	−

参考文献

[1] L. R. Morss, N. M. Edelstein, J. Fuger eds, “The Chemistry of the Actinide and Transactinide Elements”, 3rd edition, Vol.2, Springer, (2006) 200.
[2] 中井敏夫，斎藤信房，石森富太郎編，プルトニウム」，「無機化学全書」第XVII－2分冊，「丸善出版，(1967)
[3] 工藤和彦，田中　知編，「原子力・量子・核融合事典」第V分冊，丸善出版，(2017)
[4] 佐藤修彰，桐島　陽，渡邉雅之，「ウランの化学（I）－基礎と応用－」，東北大学出版会，(2020)
[5] HSC Chemistry v.10，(2020)

第14章　13, 14, 15族元素およびカルコゲン化合物

14.1　13族元素化合物［1-4］

(a)　ホウ化物

プルトニウムホウ化物として，PuB_2 や PuB_4，PuB_6，PuB_{12}，PuB_{100} が報告されている。こららのホウ化物は元素同士の高温固相反応法（真空中，又は　アルゴン気中800 ～ 2060℃で熱処理）により得られる。

$$Pu + nB \rightarrow PuB_n \quad (n = 2, 4, 6 \text{他}) \tag{14-1}$$

PuB_2 と PuB_4，PuB_6 の融点はいずれも2150℃以上である［5］。プルトニウムホウ化物の化学的性質を示したデータはほとんど報告されていないが，プルトニウムホウ化物が化学的に不活性であるためプルトニウムの長期貯蔵用の化学形として適しているとして調製法についての研究が為されている［6,7］。

表14.1にホウ化物の結晶構造を示す。PuB_2 は UB_2 と同様に六方晶型，PuB_4 は，CeB_4 や UB_4，ThB_4 と同様に正方晶型であり，PuB_6 は UB_6 と同様に立方晶型，PuB_{12} は UB_{12} と同様に面心立方晶体，PuB_{100} は単純立方晶体である。PuB_{100} 以外については，プルトニウムホウ化物とウランホウ化物の化学組成や結晶構造は類似したものが多い。しかし，第12章の

表14.1　プルトニウムホウ化物の結晶構造

酸化物	結晶系	格子定数（Å）		単位格子当たりの分子数	密度 (g/cm^3)
		a	c		
PuB_2	六方	3.1857	3.9485	1	12.470
PuB_4	正方	7.1018	4.0028	4	9.285
PuB_6	立方	4.1134	–	1	7.249
PuB_{12}	立方	7.4843	–	4	5.842
PuB_{66} (PuB_{100})	立方	23.43	–	24	2.485

12.2 二酸化物で記述したように，プルトニウムとウラン化合物の化学的性質には相違点が多々あることを記憶に留めていただきたい。

14.2　14族元素化合物［1-4］

14族元素にはC, Si, Ge, Snがあるが，ここでは炭化物およびケイ化物について述べる。まず，炭化物の製造法には（a）金属Th粉末とC粉末との高温（約2,000℃）での混合焼結，（b）金属ThとCとの混合粉末のアーク溶解，（c）ThO_2とCとの混合粉末の高温反応（Carbothermic Reaction），（d）Th金属と炭化水素ガスとの気固反応がある。

$$PuO_2 + (n+2)C = PuCn + 2CO \ (n=1,2) \tag{14-2}$$

$$Pu + CH_4 = PuC + 2H_2 \tag{14-3}$$

プルトニウム炭化物の性質を表14.2に示す。一炭化物PuC_{1-x}は面心立方構造をとる。炭素欠損型PuCの格子定数は，炭素過剰型PuCより少し大きい。ウランやトリウムの場合と同様にセスキ炭化物（Pu_2C_3）も存在し，PuCと同様に炭素欠損型の格子定数は，炭素過剰型より少し大きい。二炭化物は正方晶を取る。炭素量の増加とともに密度が小さくなる。高温，高圧下において安定であり，常温・常圧では分解する。融点や密度はウランやトリウム炭化物と比べると低い。

同じ14族元素であるケイ素とは，表14.3のようなケイ化物がある。炭

表14.2　プルトニウム炭化物の結晶構造［8］

酸化物	結晶系	格子定数（Å）		単位格子当たりの分子数	密度 (g/cm³)
		a	c		
PuC_{1-x}	立方	4.9582（C過剰） 4.9737（C欠損）	−	4	13.6
Pu_2C_3	立方	8.1258（C過剰） 8.1317（C欠損）	−	8	12.70
PuC_2	正方	3.63	6.094	2	10.88

表14.3　プルトニウムケイ化物の結晶構造［9］

酸化物	結晶系	格子定数（Å）			単位格子当たりの分子数	密度 (g/cm^3)
		a	b	c		
Pu_5Si_3	正方	11.4035	–	5.448	2	11.98
Pu_3Si_2	正方	7.5061	–	4.0642	2	11.33
PuSi	斜方	7.9360	3.8510	5.7336	4	10.15
Pu_3Si_5	六方	3.8793	–	4.0860	0.5	8.96
$PuSi_2$	六方	9.3970	–	13.6809	4	9.08

化物の場合と同様に，一ケイ化物，二ケイ化物（α，β，γ相）がある。さらに，炭化物の場合とは異なり，セスキケイ化物（Pu_2Si_3）のほか，が存在する。

14.3　15族元素化合物

15族元素には 窒素（N），リン（P），ヒ素（As），アンチモン（Sb）があり，プルトニウムとそれぞれの元素との1：1化合物を表14.4に示す。いずれも面心立方構造をとり，原子番号の増加ともに，格子定数も増加する。PuNの密度が最も大きい。窒化物の合成は以下のような反応による。

$$2Pu + 2N_2 + 3H_2 \rightarrow 2PuN + 2NH_3\ (300-350°C) \quad (14\text{-}4)$$

$$2PuO_2 + 4C + N_2 \rightarrow 2PuN + 4CO \quad (14\text{-}5)$$

$$2PuI_3 + 2NH_3(l) + 6Na \rightarrow 2PuN + 6NaI + 3H_2 \quad (14\text{-}6)$$

表 14.4　プルトニウムモノニクタイドの結晶構造

	N	P	As	Sb	Bi
化合物	PuN	PuP	PuAs	PuSb	PuBi
結晶構造	面心立方				
格子定数（Å）	5.908	5.664	5.855	6.241	6.351
密度（g/cm³）	14.22	9.87	10.39	9.86	11.62

14.4　カルコゲン化物

ウランやトリウム同様，プルトニウムもカルコゲン（イオウ（S），セレン（Se），テルル（Te））との化合物を作る。表 14.5 にはカルコゲン化物（PuX_n, X = S, Se, Te）を示す。プルトニウムカルコゲン化物は，一カルコゲン化物（PuX），セスキカルコゲン化物（Pu_2X_3），二カルコゲン化物（PuX_2），三カルコゲン化物（PuX_3）に分類でき，これらの間に複数の組成をもつ中間化合物が存在する。また，PuX_3 は $PuTe_3$ のみであるが，$PuSe_3$ が存在しないという報告もある［10］。このことは，カルコゲン化物の合成に際して，組成比の制御が難しいことや，組成比により物理的化学的性質が変化することを示す。

硫化物の合成について，出発物質に酸化物を，反応ガスに CS_2 を用いる場合には，開放系の気固反応となる。所定比の硫化物を合成する場合には，金属 Pu と固体状のイオウやセレン，テルルを用いた封管反応により所定組成をもつカルコゲン化物を合成できる。C-CO が共存する還元雰囲気では，Pu(IV) は還元され，セスキ硫化物（Pu_2S_3）となる。

$$2PuO_2 + 4CS_2 = Pu_2S_3 + 4CO + 5/2S_2\ (1000^\circ C) \tag{14-7}$$

$$Pu + 2X = PuX_2 \tag{14-8}$$

逆に，セスキ硫化物を酸化すると部分酸化されるものの，Pu は（IV）までは酸化されず，Pu_2O_2S を生成する。一方，$PuSe_2$ の場合は，Pu（IV）のオキシセレン化物 PuOSe となる。

表 14.5　プルトニウムカルコゲナイドの種類

X	S	Se	Te
PuX	PuS	PuSe	PuTe
Pu_2X_3	Pu_3S_4 α-Pu_2S_3 γ-Pu_2S_3	Pu_3Se_4 γ-Pu_2Se_3 η-Pu_2Se_3	γ-Pu_2Te_3 η-Pu_2Te_3
PuX_{2-x}	$PuS_{1.76}$ $PuS_{1.9}$ PuS_2	$PuSe_{1.8}$ $PuSe_{1.814}$ $PuSe_{1.9}$ $PuSe_{1.987}$ $PuSe_2$	$PuTe_{1.81}$ $PuT_{2.02}$
PuX_3			$PuTe_3$

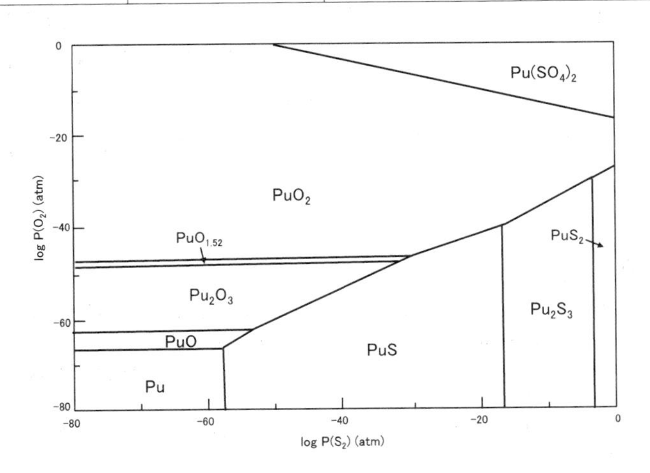

図 14.1　Pu-S_2-O_2 の化学ポテンシャル図（500℃）[10]

$$Pu_2S_3 + 2O_2 = Pu_2O_2S + 2SO_2 \qquad (14\text{-}9)$$

図 14.1 には熱力学計算ソフト HSC Chemistry により作成した 500℃における Pu-S_2-O_2 系化学ポテンシャル図を示す [10]。まず，酸化物では，$\log P(O_2)$ の増加とともに PuO，Pu_2O_3，$PuO_{1.61}$，PuO_2 が存在する。一方，硫化物では $\log P(S_2)$ の増加とともに PuS，Pu_2S_3 の領域が現れるが，PuS_2

の他，PuO_2 と PuS_2 の境界には PuOS が存在するが，熱力データが不十分で現れていない。logP(O_2) が高い領域では広い logP(S_2) 範囲にわたって硫酸塩が存在する。オキシ硫酸塩 $PuOSO_4$ も存在するが，PuOS と同様，現れていない。ケミカルアナログとしての Ce-S_2-O_2 系をみてみると，酸化物や硫化物の境界や酸化物と硫酸塩との境界は同様の位置にあることがわかる。セリウムの場合には酸化物（Ce_2O_3，CeO_2）と硫化物（Ce_2S_3）の間にオキシ硫化物（Ce_2O_2S）の領域が現れており，Pu の場合にもオキシ硫化物を経由するものと考えられる。図中点線で示した logP(O_2) および logP(S_2) の交点は，Ce-S_2-O_2 系では CeS_2 領域にあるものの，Pu-S_2-O_2 系では，PuO_2 領域にある。仮にオキシ硫化物の領域があるとしても，硫化物が安定な Ce-S_2-O_2 系と比べると，Pu-S_2-O_2 系の方がより酸化物が安定であり，硫化が抑制される。このことはケミカルアナログとして Ce を用いても，硫化挙動が異なる可能性があることを示している。

参考文献

[1] L. R. Morss, N. M. Edelstein, J. Fuger eds, “The Chemistry of the Actinide and Transactinide Elements”, 3rd edition, Vol.2, Springer, (2006) 200.
[2] 中井敏夫，斎藤信房，石森富太郎編，「プルトニウム」，「無機化学全書」第XVII－2分冊，「丸善出版，(1967)
[3] 工藤和彦，田中　知編，「原子力・量子・核融合事典」第V分冊，丸善出版，(2017)
[4] 佐藤修彰，桐島　陽，渡邉雅之，「ウランの化学（I）－基礎と応用－」，東北大学出版会，(2020)
[5] H. A. Eick, Inorg. Chem., 4 (2020) 1237
[6] United States Patent No.US 6,830,738 B1 (Dec.14,2004)
[7] B. S. McDonald, W. I. Stuart, Acta Cryst., 13 (1960) 447
[8] H. A. Eick, Inorg. Chem., 4 (2020) 1237
[9] P. Boulet, F. Wastin, E. Colineau, J. Griveau, J. Rebizant, J. Phys. Condens. Mat., 15 (2003) S2305-2308
[10] HSC Chemistry v.10, (2020)

第15章　溶液化学

15.1　電気化学

プルトニウムが溶液中で安定に取り得る原子価は，3, 4, 5, 6 価である。ただし，5価についてはアルカリ性溶液でのみ存在しうる。このうち，3価及び4価のプルトニウムイオンは水和イオン（Pu^{3+}及びPu^{4+}）として水溶液中に存在するのに対し，5, 6 価のプルトニウムは酸素原子が二つ結合したジオキソイオン（$UO_2{}^{n+}$）として存在する。このため，3価／4価あるいは5価／6価間の酸化還元が速い電子授受反応であり，電気化学的に可逆性の高い反応であるのに対し，4価と5価イオン間の酸化還元は，ジオキソイオンの金属酸素結合の形成・開裂を伴う。

$$Pu^{4+} + 2H_2O \rightleftarrows PuO_2{}^{+} + 4H^{+} + e^{-} \qquad (15\text{-}1)$$

このため，酸化還元の反応速度は小さく，あるいは大きな過電圧を必要とする。また，反応速度は溶液の水素イオン濃度の影響を受ける。図15.1に示したように，各原子価のプルトニウムイオンの標準酸化還元電位は，いずれも＋1V前後と近接しており，高原子価の5/6価の酸化還元電位が低原子価の3/4価のものより低く逆転している。このため，4価及び5価プルトニウムイオンでは不均化反応が生じ，複数の原子価状態のイオンが共存する複雑な挙動を示す。

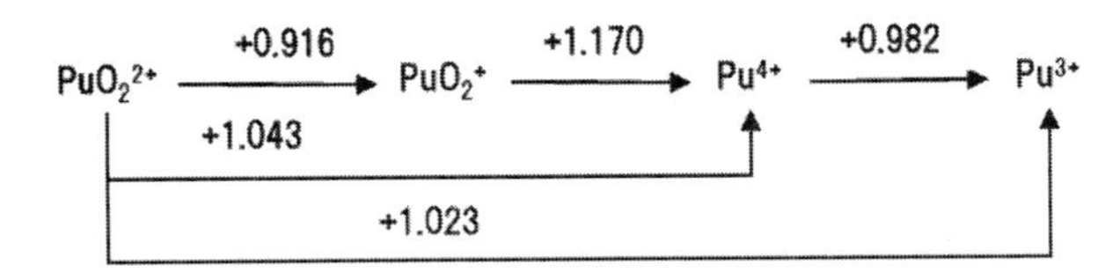

図15.1　プルトニウムの標準酸化還元電位 V vs NHE［1］
1 M $HClO_4$ 中

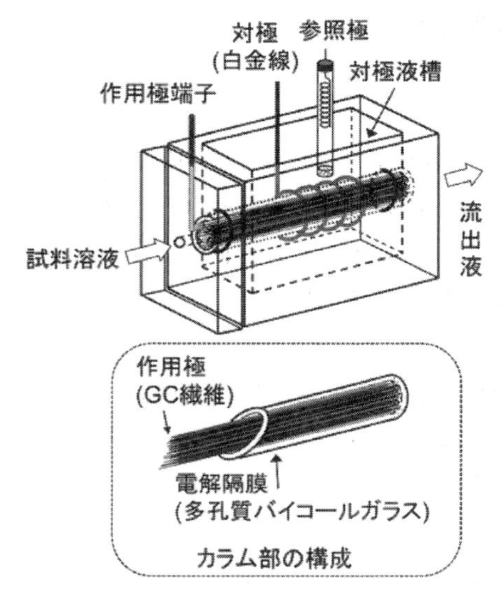

図 15.2　カラム電極の概念図

電気化学測定では，印過電圧を走査しながら電流測定を行うボルタンメトリーがよく知られている。しかし，このような電気化学的に非可逆性の高い酸化還元を含むプルトニウムイオンの電解電流を観測することは難しい。

電解の効率を高めることにより遅い電極反応を観察する目的で，表面積の大きな電極がしばしば用いられる。なかでもフロー電解法は，細長い流路状の電極を用いて，試料溶液を流しながら電解を行うことができ，被電解物質が繰り返し電極に接触することにより高い電解効率を得ることが可能である。図 15.2 は繊維状のグラッシーカーボン（GC）を電極材として多孔質ガラス管に充てんしたカラム電極［2］である。10 μm 程度の極細 GC 繊維間の空隙に電解質溶液を流すことにより，試料溶液体積に対する電極表面積を極めて大きくとることができ，繊維間隙の試料溶液相の厚さは，電解により形成される拡散層の厚さよりも薄くなるため電解効率が高く迅速な電解が可能である。多孔質のガラス管は電解隔膜として作用し，試料溶液が隔膜外に流れ出ることなく，対極との間に電解電流を流すことができる。

このようなフロー電極を用いた電解測定では，観測される電流（i）と溶液中での被電解物質の濃度（c）との間には，次の関係式が成り立つ。

$$i = nFcf \tag{15-2}$$

ここで，f は試料溶液の送液速度，F はファラデー定数である。また，n は酸化還元に関与する電子数を表し，フロー電解における送液速度を十分遅くしてやり，カラム電極から流出するまでに被電解物質が完全に酸化あるいは還元される状態では，一電子の酸化あるいは還元の場合，n＝1 となる。フロー電解では，電位－電流関係曲線に代えて，電位と反応電子数の関係を記録すると，電解によるイオンの原子価状態の変化を理解しやすい。これをクーロポテンショグラムと呼ぶ。

プルトニウムイオンをフロー電解した時のクーロポテンショグラムは，図 15.3 のようになる [3]。Pu^{3+} /Pu^{4+} の酸化還元はおよそ＋ 0.7V 対 銀塩化銀電極（SSE）付近に可逆性の高い一電子酸化 / 還元波として観測されている。これに対し，6 価である PuO_2^{2+} の還元波は複雑な形状を示し，まず 5 価への一電子還元波が観測され，これに引き続き 3 価への二電子還元波が現れる。PuO_2^+ から Pu^{3+} への還元が二電子反応波となるのは，還元により生成する Pu^{4+} は，＋ 0.6V よりも負電位の領域では速やかに Pu^{3+} まで還元されてしまうからである。また，二段目の還元波は一段目に現れる一電子還元波に比べてなだらかな曲線になっている。これは，電極反応速度が小さいためである。一方，Pu^{4+} の酸化については，電位窓内には反応を観測することができず，酸化には非常に大きな過電圧を必要とする。

クーロポテンショグラムに基づけば，イオンの原子価調整を自在に行うことも可能である。＋ 0.1V よりも負電位で電解すればすべてのプルトニウムイオンを 3 価に還元することが可能であり，続けて＋ 0.9V で電解酸化

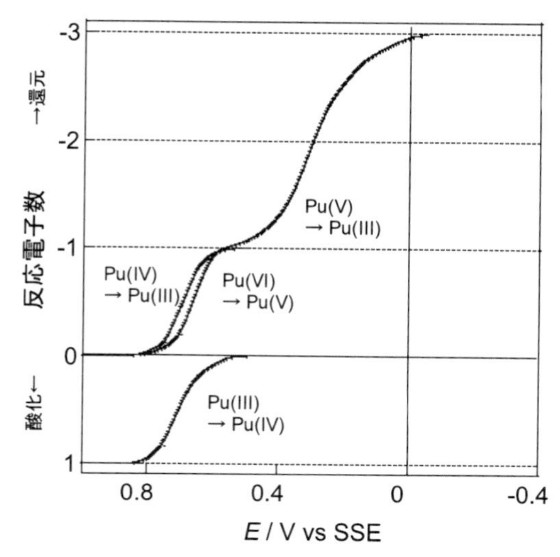

図 15.3　プルトニウムのクーロポテンショグラム

すれば Pu^{4+} を調整できる。ただし，先述のとおり非可逆な酸化還元は溶液の酸性度や試料溶液の送液速度に依存するし，4価や6価イオンは高濃度の硝酸イオンや塩化物イオンが配位し電極電位が変化するため，電解による原子価の調整を精密に行うためには，溶液組成に合わせた精度の良いクーロポテンショグラムを予め記録することが重要である。

15.2　イオン交換

5.1節で述べたように，イオン交換法は微量の物質の分離・精製に幅広く用いられている。本節では，鉄共沈とイオン交換法を用いたプルトニウムの回収・精製法について紹介する。

実験室において，プルトニウムを用いた溶液化学実験を行う場合，実験後の廃液からプルトニウムを回収・精製することは，継続的な研究を行う上で重要である。特に，プルトニウムの酸化還元状態や共存するアニオン，カチオンが多岐にわたる酸廃液の場合，以下のような操作を行う。

図 15.4　水酸化鉄による共沈

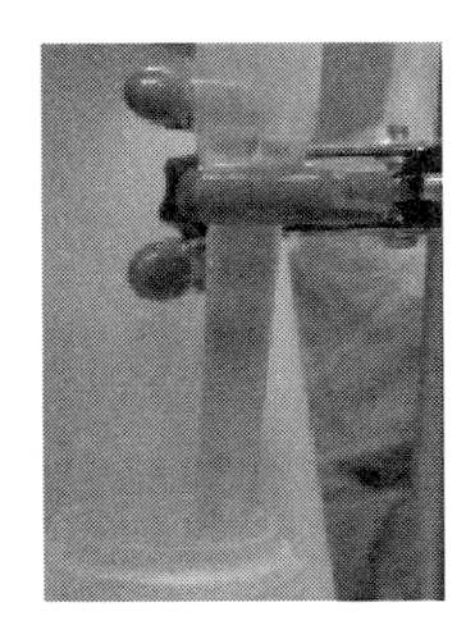

図 15.5　陰イオン交換樹脂に吸着した4価プルトニウム

まず，酸廃液に対して少量の塩化鉄（$FeCl_3$）溶液を Fe^{3+} 濃度がおよそ 50 mM となるように加える。水酸化ナトリウム溶液を用いて廃液を中和する。このとき，微量の還元剤（亜ジチオン酸ナトリウム 5 mM）を添加することにより，プルトニウムを 3 価または 4 価に還元し，それぞれの水酸化物（$Pu(OH)_3$，$Pu(OH)_4$）を水酸化鉄（$Fe(OH)_3$）とともに共沈させる（図 15.4）。しばらく静置し沈殿生成を完了させた後，吸引ろ過により沈殿をろ紙上に捕集し，さらに少量の超純水によりろ紙上の沈殿を洗浄する。ろ液を捨てた後，次に，1 M の硝酸を数回にわたってろ紙にたらして沈殿を溶解し，ろ液受けに回収する。この操作により鉄イオンを含むプルトニウムの硝酸溶液を得ることができる。

得られた溶液に濃硝酸を加え，硝酸濃度が 8 M となるように調整した後，亜硝酸ナトリウムを濃度が 10 mM となるように加える。亜硝酸ナトリウムにより，プルトニウムの酸化還元状態は 4 価に調整される。カラムに陰イオン交換樹脂（DOWEX 1 × 8 100 ～ 200 mesh Cl^- 型）を充填し，8 M 硝酸でコンディショニングを行った後，鉄イオンを含む 4 価プルトニウム溶液（in 8 M HNO_3）を流す。4 価プルトニウムは硝酸錯体として樹脂に吸着される一方，3 価鉄イオンやその他の不純物は樹脂に吸着せず，カラム先端から溶出する。樹脂に流す溶液のプルトニウム濃度が mM 程度であれば，樹脂に吸着した 4 価プルトニウムが緑色を呈するのを確かめることができる（図15.5）。8M硝酸で樹脂に吸着したプルトニウムを洗浄した後，0.1Mの硝酸ヒドロキシルアミンを流すことにより，プルトニウムを3価に還元して溶離する。時間が経過とともに，4価プルトニウムは樹脂から溶離されにくくなるため，上記の操作は，プルトニウムの吸着・洗浄後，速やかに行うことが望ましい。最後に回収した溶離液に，濃度が0.1Mとなるように亜硝酸ナトリウムを加えることで，プルトニウムの酸化還元状態を再び4価に調整する。

15.3　溶媒抽出

溶媒抽出法を例に，プルトニウムの取扱い方を示す。溶媒抽出法は水（水相）と有機溶媒（有機相）のように互いに混じり合わない二液相間で物質が分配する現象を利用して，様々な物質の分離・精製に広く用いられている。例えば，原子力発電に用いた使用済核燃料や核兵器に含まれるウラン，プルトニウム，核分裂生成物を相互に分離するPUREX（ピューレックス）法がある。詳細は他書（例えばウランの化学（I），12.7節参照，[4]）に譲る。ここでは，研究目的で実験室において4価プルトニウムを扱う抽出操作について述べる。抽出平衡に達した際の有機相と水相におけるプルトニウム濃度比（分配比D）をもとに，その際の液相内での錯生成反応を評価したり，最適な抽出分離条件を検討することができる。

水酸化物を用いる例を図15.6に紹介する。50mL容のポリプロピレン製遠沈管に塩酸酸性のプルトニウム溶液（濃度は数mM程度）を準備する。これに還元剤として塩酸ヒドロキシルアミン（$HONH_2 \cdot HCl$）を添加すると，プルトニウムイオンは4価が支配的となる。還元力の強い還元剤を用いると，一部は3価まで還元されるが，大気中に放置することで穏やかに4価に酸化させる方法もある。この溶液にNaOH溶液を加えてアルカリ性にすると，青緑色のプルトニウム水酸化物（$Pu(OH)_4(am)$）の沈殿を生じる。数日静置することで反応を進行させ，より多くの沈殿を回収できる可能性がある。

遠沈管を3,000rpmで5分間遠心分離した後，上澄みを捨てる。さらに

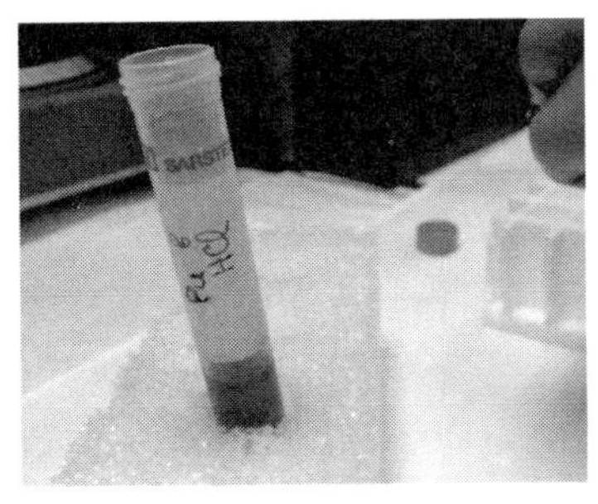
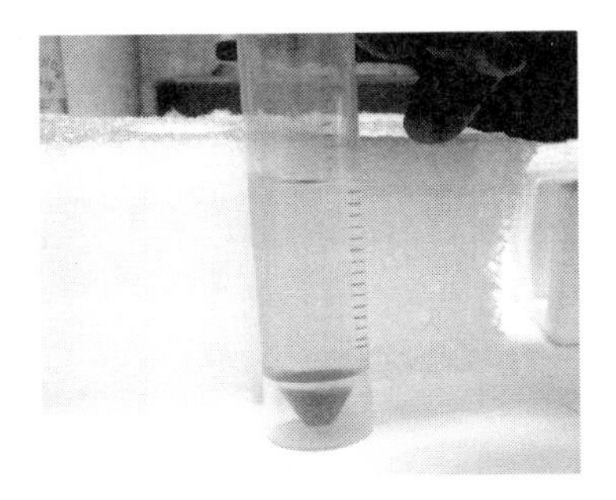

図 15.6　5, 6 価 Pu の原液（左），4 価 Pu 水酸化物沈殿（右）

沈殿物に少量の蒸留水を加えて，再び懸濁，遠心分離，上澄みと蒸留水の交換を行い，これを上澄みの pH が中性となるまで数回繰り返す。最後に遠沈管に 3M 塩酸を加えて沈殿を酸溶解，4 価プルトニウム水溶液（母溶液）となる。なお，この精製したプルトニウム水酸化物固相は，例えば不飽和法による溶解度実験など，他の研究用途にも有用である。

一般に 4 価アクチノイドイオンは抽出容器内壁への吸着が起こりやすいことから，ガラス製よりもプラスチック製または PFA などのテフロン製の遠心管の使用が望ましい（ガラス容器内壁へのシラノール処理は有効である（ウランの化学（II），第 4 章参照）[4]。なお抽出で用いる有機溶媒によってはプラスチックが不適な場合があるので確認を要する。有機相および水相に，プルトニウムイオンと錯生成する試薬（有機配位子や無機イオン）を所定濃度になるよう加える。4 価プルトニウム水酸化物の溶解度は pH の増加と共に大きく低下する。そのため，調製した母溶液を中性 pH の水相に添加するときは注意を要する。また溶解度を超えない濃度であっても，液性によって多核種（ポリマー）やコロイドを生成する可能性があるため，実験結果の解釈において注意が必要である。所定時間振とうした後，水相および有機相からマイクロピペットを用いて液を少量分取し，ステンレス製試料皿（ϕ 25 mm）の中心部に滴下する。これをホットプレート上で加熱し，液を蒸発乾固させた測定試料を，プレーナシリコン検出器

表15.1　プルトニウムのα放射線のエネルギー [5]

同位体	半減期（y）	放射線（MeV）
^{236}Pu	2.858	α, 5.77, 5.72
^{238}Pu	87.7	α, 5.50, 5.46
^{239}Pu	2.411×10^4	α, 5.16, 5.14
^{240}Pu	6,561	α, 5.19, 5.12
^{242}Pu	3.735×10^5	α, 4.90, 4.96

(PIPS) 付きα線スペクトロメーター（例えばミリオンテクノロジーズ・キャンベラ社製，7401型）を用いて^{239}Puの放射能濃度を定量する。測定で決定した放射能濃度から上述の分配比を得ることができる。表15.1には主なPu同位体についてα線エネルギーを示した。

15.4　溶解度実験

本節では，炭酸イオン共存下における4価プルトニウム溶解度実験について紹介する。溶解度実験の試料調製法には，過飽和法と不飽和法があり，ここでは予め4価Pu溶液からNaOH溶液により沈殿させたプルトニウム水酸化物（$Pu(OH)_4(am)$）を用いる不飽和法について述べる。4価金属イオンの水酸化物沈殿は，調製方法などの条件によって固相状態が異なり，溶解度に大きな違いをもたらすことがある。不飽和法による$Pu(OH)_4(am)$ 調製では，図15.6に示すように，目視できる程度の量の$Pu(OH)_4(am)$ を沈殿させることが望ましい。初期の4価Pu溶液の濃度が低い場合（$< 10^{-4}$M），$Pu(OH)_4(am)$ の生成に至らず，水酸化物コロイドを形成する可能性がある。

炭酸イオン共存下における溶解度実験の場合，予め炭酸イオン濃度やpHを調整した試料溶液に，$Pu(OH)_4(am)$ 固相を含む懸濁液を添加する。中性pHからアルカリ性pH下では，Pu(IV) はプールベ図において幅広い安定領域を持っている。酸化還元電位をPu(IV) に厳密に調整する場合は，ヒドロキノン（数mM程度）を還元剤として加える。数日から数週間程度エージングした後，15.3 節に従って，上澄み液を採取し，限外ろ過法により固液分離を行う。酸性化したろ液から 10 μL 取り，ステンレス製試料皿上で蒸発乾固し，α 線スペクトロメーターで測定する。

4 価 Pu は Th や他の 4 価アクチノイドと同様，中性 pH からアルカリ性 pH において，Pu-CO_3 の 2 元錯体や Pu-OH-CO_3 の 3 元錯体を形成する。0.01 ～ 0.1M 程度の炭酸イオン濃度下では，$Pu(CO_3)_4{}^{4-}$，$Pu(CO_3)_5{}^{6-}$ や $Pu(OH)_2(CO_3)_2{}^{2-}$ が支配的な化学種として挙げられており，同程度の炭酸イオン濃度下の Th 溶解度実験で見られる $Th(OH)(CO_3)_4{}^{5-}$ のような炭酸錯体は報告されていない [6]。一方，4 価 Zr は，4 価 Pu と同程度の加水分解定数（加水分解反応の平衡定数）を示すことから，しばしば 4 価 Pu の化学アナログとして用いられる。0.01 ～ 0.1M 程度の炭酸イオン濃度下では，Zr は 4 価 Pu と同種の炭酸錯体を形成するが，$Zr(CO_3)_4{}^{4-}$ や $Zr(CO_3)_5{}^{6-}$ の錯生成定数は，$Pu(CO_3)_4{}^{4-}$ や $Pu(CO_3)_5{}^{6-}$ のそれと比べて 5, 6 桁程度大きい。4 価 Pu の錯生成定数を評価するため，他の 4 価アクチノイドやジルコニウムなど 4 価金属元素を化学アナログとして用いる際は，錯生成する配位子にも注意する必要がある。

15.5　評価方法

溶液中で Pu の原子価を確認する代表的な手法として，紫外可視吸収スペクトルの測定が挙げられる。この手法は，簡単に溶液中の原子価を決定できるため，よく用いられる。3 価から 6 価までの紫外領域から近赤外領域までのスペクトルは，過塩素酸溶液中で取得されたモル吸光係数を縦軸に取った Cohen らのデータが参照される [7]。しかしながら，報告例によってモル吸光係数は 10 倍程度の開きがあるため，吸収スペクトルを定量分析として利用するよりは，原子価調整後の定性分析として利用されることが多い [8]。まず，紫外領域のスペクトルについて，各原子価を概観すると，4 価，6 価では特徴的なピークは観測されておらず，3 価，5 価に関して特徴的なスペクトルが得られることが知られている [8]。いずれもモル吸光係数は，可視・近赤外領域と比較すると 10 倍以上大きい。表 15.2

表 15.2　紫外線領域（200nm-300nm）での Pu（III）過塩素酸酸性水溶液中の吸収ピークとモル吸光係数

波長（nm）	モル吸光係数（/cm・mol）
209a	2400
236b	341
247b	346
252b	353
299b	66

a:1.0M 過塩素酸水溶液中［7］, b:0.91M 過塩素酸水溶液中［8］

に Pu（III）の主な紫外領域のピーク波長・モル吸光係数を示す［7,8］。Pu（V）に関しては，0.2M 過塩素酸水溶液中で 275nm にピークが観測されている［8］。

図 15.7 および図 15.8 にはそれぞれ 4 価および 6 価プルトニウム溶液の吸光スペクトルを示す。いずれの図においても，可視－近赤外領域には，各原子価に特徴的なスペクトルが得られ，特に再処理や分析において重要な 4 価や 6 価については，定量分析においても利用されるピークが観測されている。さらに，図 15.8 の過塩素酸溶液中におけるスペクトルでは，

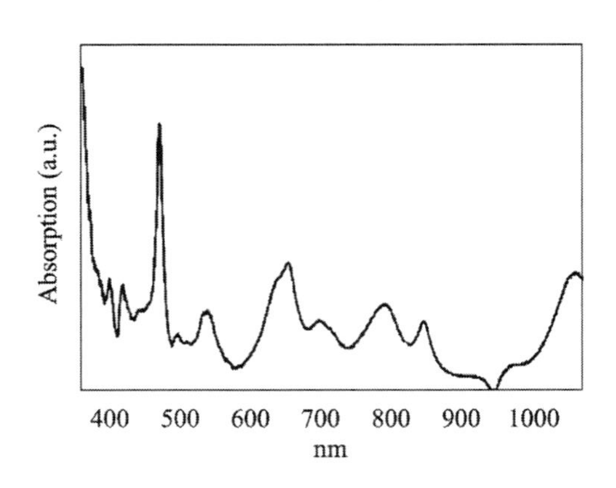

図 15.7　4 価プルトニウム溶液の吸光スペクトル［9］

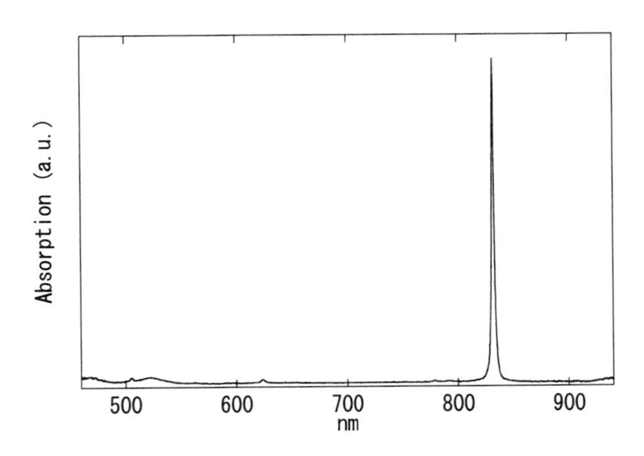

図 15.8　1 M 硝酸水溶液中の Pu(VI) 吸収スペクトル［10］

6 価プルトニウムの指標となる 833 nm に鋭いピークが観測され，各種定量分析にも利用されている。

分光による評価方法では，ラマン分光もある。ラマン分光法は，ウラン，プルトニウムなどのアクチノイドが酸化物イオンとして存在し，アクチノイドと酸素との間の結合による振動を観測する。溶液中でのラマン分光は，Madic らにより 1984 年に初めて報告されている［11］。O = Pu = O 対称伸縮振動として 6 価の PuO_2^{2+} (833 cm $^{-1}$) と 5 価の $PuO_2{}^{+}$ (748 cm $^{-1}$) が観測され，6 価については，滴定実験を併せて行っており，pH4 以上の液性で加水分解が起こり，生成物のピークとして，3 つのピークを報告している（805 cm $^{-1}$, 817 cm $^{-1}$, 826 cm $^{-1}$）。

一方で，ラマン分光は，酸化物の評価手法としてウランでの活用が盛んで（ウランの化学 (II) 16.2 参照）［4］，Pu についても，上記同様の伸縮振動に起因する特徴的なピークを与えることから近年有用な評価手法として注目されている。Sarsfield らは，Pu の酸化物のラマンスペクトルを測定し，ピークの同定を行っている［12］。Th, U, Np のデータと併せて，表 15.3 に示す。

表 15.3　MO_2(M = Pu, Th, U, Np, Ce) のラマンピークとその帰属

Compound	T2g (cm^{-1})	1LO (cm^{-1})	2LO (cm^{-1})	文献
PuO_2	476 ± 2	578 ± 8	1158 ± 8	12
ThO_2	465	−	−	13
UO_2	445	575	1150	13
NpO_2	463 − 468	568	1150	13
CeO_2	465		1160	14

470cm^{-1}付近のピークは正八面体点群におけるRaman活性なT_{2g}, LOは格子振動の縦波光学モードに帰属される。

参考文献

[1] Fritz Weigel, "The Chemistry of the Actinide Elements" Vol. 1, Chap. 7, Plutonium, (Eds., J. J. Katz, G. T. Seaborg, L. R. Morss), Chapman and Hall, (1986).

[2] 北辻章浩, 青柳寿夫," カラム電極の作製−電極構成材料の選択とカーボン繊維作用電極の前処理−　電気化学測定のための基礎技術（1)", Rev. Polarpgraphy, 52, 51-53（2006).

[3] Y. Kitatsuji, T. Kimura, S. Kihara, "Flow electrolysis of U, Np and Pu ions utilizing electrocatalysis at a column electrode with platinized glassy carbon fiber working electrode", Electrochim Acta, 74, 215-221（2012).

[4] 佐藤修彰, 桐島　陽, 渡邉雅之, 佐々木隆之, 上原章寛, 武田志乃,「ウランの化学（II）−方法と実践−」, 東北大学出版会, (2021)

[5] CHART OF THE NUCLIDES, 2018, JAEA, (2018)

[6] Grenthe, I., Gaona, X., Plyasunov, A. V., Rao, L., Runde, W. H., Grambow, B., Konings, R. J. M., Smith, A. L., Moore, E. E..: Second Update on the Chemical Thermodynamics of Uranium, Neptunium, Plutonium, Americium, and Technetium. In: Ragoussi, M. E. et al. (ed.) Chemical Thermodynamics Vol. 14. Elsevier, Amsterdam (2020).

[7] D. Cohen, "The absorption spectra of Plutonium Ions in perchloric Acid Solutions", J. Inorg. Nucl. Chem., 18, 211-218,（1961).

[8] D. C. Stewart, " Absorotion Spectra of Lanthanide and Actinide Rare Earth" ANL-4812 (1952).

[9] T. Sasaki, T. Kobayashi, I. Takagi, H. Moriyama, A. Fujiwara, Y. M. Kulyako, B. F. Myasoedov, "Complex formation and solubility of Pu（Ⅳ）with malonic and succinic acids", Radiochim. Acta,97, 193-197（2009)

[10] 北辻章浩, 私信

[11] C. MADIC, G. M. BEGUN, D. E. HOBART, and R. L. HAHN, "Raman Spectroscopy of Neptunyl and Plutonyl Ions in Aqueous Solution: Hydrolysis of Np（VI）and Pu (VI) and Disproportionation of Pu（V)", Inorganic Chemistry, 23, 1914-1921（1984).

[12] M. J. Sarsfield, R. J. Taylor, C. Puxley, H. M. Steele, "Raman spectroscopy of plutonium dioxide and related materials", J. Nucl. Mater., 427, 333-342 (2012).
[13] G.M. Begun, R.G. Haire, W.R. Wilmarth, J.R. Peterson, "RAMAN SPECTRA OF SOME ACTINIDE DIOXIDES AND OF EuF_2", J. Less-Com. Met., 162, (1990) 129.

第16章　取扱技術

16.1　グローブボックス

(1) 取扱量の制限

放射性毒性が高いプルトニウムを安全に取り扱うためには，グローブボックスやホットセル等の閉じ込め機能を有する設備を用いることが一般的である。プルトニウムの使用許可があるフードでも，多くの場合1日最大取扱量は数mg程度であり，トレーサー試験程度にしか対応できない。非密封プルトニウムの1日最大取扱数量が1gを超えて使用する施設は，原子炉等規制法施行令第41条に掲げる核燃料物質を使用する施設（令41条該当施設）と呼ばれる。その場合に，遵守しなければならない法令，規定について，日本原子力研究開発機構原子力科学研究所（原子力機構原科研）にある燃料サイクル安全工学研究棟（NUCEF）を例にして，図16.1に示す。グローブボックスでのプルトニウムの1日最大取扱数量は，通常1gから2kg程度まである。許可書によりグローブボックスのプルトニウム最大取扱数量は，1日最大使用数量，3ヵ月使用数量，年間使用数量で制限されており，すべての項目でそれ以下の使用数量でなくてはいけない。

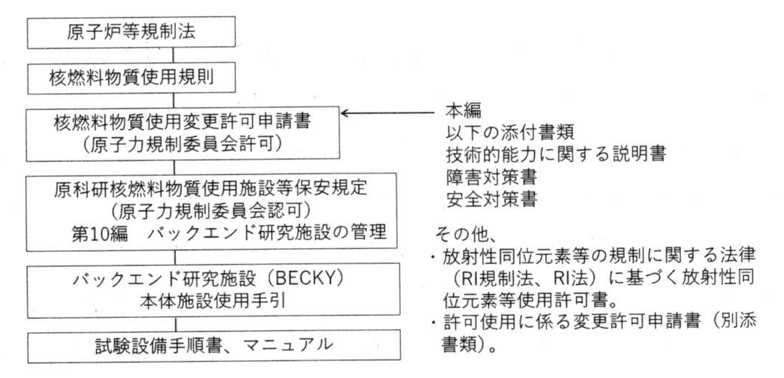

図16.1　NUCEFバックエンド研究施設（令41条該当施設）における法令，規定

(2) 構造

プルトニウムを漏らさないようグローブボックスには高い気密性と常時の負圧管理が必要である。一般的にグローブボックスの製作時には，漏えい率が 0.1vol% /h 以下となる気密性が求められる。このため，グルーブボックス本体には強度と耐食性を併せ持つステンレスが用いられ溶接による一体構造とするものが多い。操作面は，視認性を高めるためアクリルの窓材が用いられ，操作用のグローブを取り付けるためのグローブポートが付属する。グローブの装着は，グローブポートにグローブを重ね，O リングでグローブを固定するのが一般的である。

グローブボックスのピンホールや小さな隙間からのプルトニウムの漏洩を防止するため，プルトニウム使用時はグローブボックス内を実験室内に対して常に負圧に保つ必要がある。大規模な取扱施設の場合，複数のグローブボックスを排気するための排気設備が備えられており，各グローブボックスは高性能（HEPA）フィルターを介して排気設備に接続される。異常時の逆流に備えて吸気口にも HEPA フィルターが装着されている。グローブ操作時における負圧変動に追随させるためグローブボックス内の負圧は，吸気と排気のバランスにより保たれるとともに，グローブボックス内が常に換気され空気中の汚染濃度の低減が図られている。負圧を監視し負圧低下の異常を検知するため，グローブボックスには警報機付き負圧計が備えられている。

グローブボックス内で使用する試験機器や核燃料物質等の搬入あるいは搬出を，気密を維持したまま行うために，PVC（塩化ビニール：poly vinyl chloride）バッグを取り付けた搬出入ポートが付属している。物品等を搬出入するときには，当該品をバッグ内に収納した後ビニールを溶封し，内部の気密及び汚染物の閉じ込めを維持する。粉末状のプルトニウム等飛散しやすい物質を取り扱う場合には，ビニールバッグを用いた，バッグイン／バッグアウトを行うことが基本であるが，溶液試料等を扱う汚染レベルが低いグローブボックスの場合には，二重扉の構造を持つ物品搬入ポートがあると便利である。扉は同時に開けないとともに，ポート内が汚

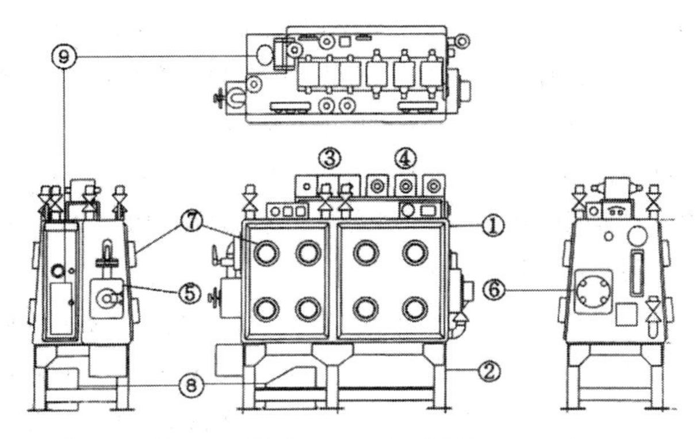

①本体　②架台　③排気フィルタ　④給気フィルタ
⑤バッグポート　⑥物品搬入口　⑦グローブポート
⑧油回転ポンプ　⑨ターボ分子ポンプ

図 16.2　グローブボックスの外観図

染しないように，グローブで直接触れることがないように注意が必要である（図 16.2 参照)。

グローブボックスでの試験によっては，その中に据え付けてある試験装置の中を真空するために，真空ポンプが付属する場合がある。真空ポンプは，まず低真空（～ 1Pa）にするための油回転ポンプが付属しており，より高真空（10^{-5}Pa 以下）にするためのターボ分子ポンプあるいは拡散ポンプが接続している。これらの接続は HEPA フィルターを介して行う。試験装置の試料エリアを直接真空引きする場合には，粉末試料等が共に引き込まれて HEPA フィルターを通過し，ポンプ内部や排気ラインを汚染する可能性があるため，汚染事故を引き起こさないよう小まめな汚染確認が必要である。そのため，ポンプ類全てをグローブボックス内に設置するグローブボックスもある。この設計の場合，汚染のグローブボックス外への漏洩がないという利点があるが，その一方で，ポンプの不調時に，補修や部品交換が困難になるという欠点もある。安全性が強く求められる現在，ポンプの信頼性の向上も相まってグローブボックス内に設置することが多くなっている。今後，グローブボックス内に試験装置やポンプ類を全部設置するか，一部だけ設置するかは，その時代の試験装置やグローブボックスの付帯機器の信頼性によって変更されると考えられる。

試験ガス配管出入口や冷却水配管出入口，電気端子（ハーメチックシール）などの設置に際しては，気密性を維持できる構造とし，十分な汚染漏洩の防止対策が必要である。

グローブは耐熱性を持たないため，電気炉等の高温部がある装置で容易に触れる可能性がある表面部分は60℃以下に保つことが定められている。またこのような場合，グローブボックス内部温度を監視する温度警報装置が付属している。規定温度以上になると警報を発するほか，電気炉のヒーター電源を自動的に切断する安全機構を付属させることが多い。

このような安全設備は，法規等で定められているものではなくて，異常が発生した場合に対する安全対策について，原子力規制庁に説明して了解を受けた後，それを記載した書類（核燃料物質使用許可申請書）を提出し，認可を受けた後に設置する。使用前には，原子力規制庁に提出した書類に記載した通りになっているかの検査（施設検査）を受ける。

グローブボックス内で取扱うプルトニウム量が多い場合には，外部被ばく対策も重要である。特に長期間保管されていたプルトニウムには，^{241}Puのβ^-壊変により生成した^{241}Amが蓄積している場合があり注意が必要である。β線やγ線による外部被曝を低減するため，遮蔽体として含鉛アクリル板を設置することが多い。含鉛アクリル板には，黄色透明と白色透明タイプがある。透明度を確保しつつ遮蔽効果を得るために，一般的に2mmの鉛相当厚の含鉛アクリル板が使用される。黄色透明タイプでは約4.4cmの厚みがあり，長年の使用により劣化し，蛍光灯の光と反応して板表面に筋や溝が入る。一方，白色透明タイプでは，含鉛アクリル板の厚みは約2.5cmで，長年の使用によっても板表面に筋や溝が入ることはないようである。

グローブボックスでの試験を支えるためには，グローブボックスや実験室を負圧に保つ給排気システムのほか，排気中の汚染物質をHEPAフィルターで捕集した後，大気に放出するための排気筒などの気体廃棄設備があり，気体廃棄物中の汚染レベルは常時サンプリングされる。また管理区域内で発生する洗浄水などはすべてタンクに貯められ，汚染の可能性のある排水を施設外に出さないようになっている。プルトニウムを取り扱う際には，特定施設と呼ばれるこのような気体廃棄設備や液体廃棄設備，電気設備などが健全に連続稼働することにより，安全性が維持されていることを認識すべきである。

(3) 試料の取扱い方法

水溶液を取り扱う試験では，例えば，1回の試験あたり，10^{-4}mol/ℓの硝酸プルトニウム水溶液50mlを使用すると，約1.2mgのプルトニウムが必要である。一方，固体を取り扱う試験では，直径3mm×1mmのプルトニウム酸化物（PuO_2）のペレットひとつを使用する場合には，約60mgのプルトニウムが必要である。このように，一般的に試験で使用するプルトニウム量は，固体化学研究の方が，溶液化学研究よりもけた違いに大きく，固体化学研究では原則的にプルトニウムの取扱いはグローブボックスで行われる。

取り扱う物質の性状により，放射能汚染の形態も異なってくる。水溶液を用いる試験では，液状の汚染物がグローブの指先に付いた後，グローブの腕の部分を伝わってグローブポートに到達し，グローブ固定用Oリング付近にまで局所的に汚染が広がることがある。そのために，グローブ交換時にOリング付近の汚染が実験室内へ広がる可能性が高い。

一方，固体（粉末）の試験では，プルトニウムの使用量が比較的多く，試料を乳鉢等で粉末化する時等にプルトニウムが飛散しやすいため，グローブボックス内全体に汚染が広がりやすい。また，グローブボックス床面に沈下していた汚染粉末がエアロゾルになって舞い上がると，グローブボックスの気密が破壊された場合に，汚染が実験室へ広がる可能性が高くなる。

(4) 保守・点検

グローブボックスの性能を維持し安全性を担保するために，日常的な点検に加えて，年1回以上の定期的な自主検査（原子力規制庁から定められている定期事業者検査に基づく自主検査）を実施する必要がある。項目を次に示す。

・外観検査

グローブボックス本体の閉じ込め機能に関わる構造部について有害な亀裂，損傷がないことを目視により確認する。グローブボックスの架台，機器等により表面を直接目視できない箇所については，架台，機器等との接触部の状態を確認する。

・気密検査

漏えい率の算出方法「JIS Z 4820 グローブボックス気密試験方法に従って，大気圧比較法により漏えい率を測定する。漏えい率が0.1vol%/h以下であることを確認する。

・温度警報作動試験

グローブボックス内温度センサーを加熱する方法又は模擬信号を入力する方法で温度指示値が温度警報設定値（通常60℃）に達したとき警報が作動することを確認する。

・負圧警報作動試験

グローブボックス内を常用負圧維持値［98 Pa（10 mmH_2O）～294 Pa（30 mmH_2O）］に維持した後，徐々に負圧を下げ，警報設定負圧［49 Pa（5 mmH_2O）］で速やかに現場警報盤に警報を発することを確認する。（負圧の上限警報設定値についても同様な試験がある。）

・負圧計校正

校正検査：基準差圧計をグローブボックスに接続し，給排気バルブ操作によりグローブボックス内負圧を変動させる方法，又は基準差圧計と加減圧ポンプのユニットをグローブボックス付属の負圧計に接続し，加減圧ポンプで負圧計の指示を変動させる方法で，グローブボックス付属の負圧計を校正する。

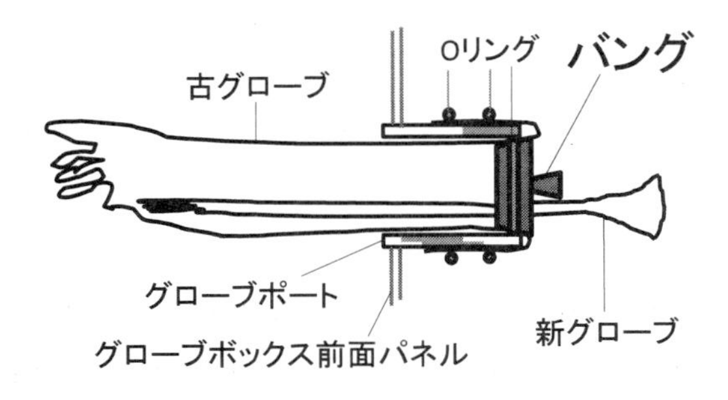

図 16.3　バングの外観

これらの検査には一年以内の校正成績書で合格が付いている測定器を使用することになっている。他に，グローブボックスの遮蔽体について遮蔽機能上有害な亀裂，損傷がないことを目視により確認することも必要である。またグローブボックスの気体廃棄設備の HEPA フィルターの捕集効率が 99.9%以上であることが必要である。

劣化したグローブはひび割れやピンホールの発生の危険性が増すため，定期的な交換が必要である。これは，使用手引などに定期的に交換することが定められていることが多い。グローブ交換の方法は，グローブポートの形式により異なるが，基本的に汚染箇所を表に出さないクローズド方式で行う。最近では局所負圧装置やバング（図 16.3 参照）の使用が増えている。グローブ交換時には，16.1(3) で述べた取扱い試料の性状による汚染形態の違いにも十分留意することが重要である。

16.2　物質管理

核分裂性物質であるプルトニウムの取り扱いにおいては，臨界事故を防止するため，一度に取り扱える量が制限されている。例えば，水溶液や結晶水をもつ化合物などのように，水分を含むプルトニウムの場合はひとつのグローブボックスで，1 日最大取扱数量が 220g に制限されており，水分を排除できるグローブボックスでは 2kg 超まで使用可である場合もある。

表 16.1　Pu の核種組成の一例

核種	^{239}Pu	^{240}Pu	^{241}Pu	^{235}U	^{236}U	^{241}Am	^{237}Np
mol%	96.581	3.1299	0.0101	0.1460	0.0174	0.1098	0.0066

これらは，プルトニウムの最小臨界量による制限量で決められている。^{239}Pu の最小臨界量は，水溶液状態の場合は 510g であり，無水状態の場合は 5.6kg である。誤って二重にグローブボックスに装荷した場合においても臨界に達しないよう最小臨界量に安全係数を掛けた制限量として求められている。

Pu の核種組成は，製造方法や精製からの期間によって大きく異なっている。原子力機構で試験用に用いられる Pu の一例として，表 16.1 に核種組成を示す。

プルトニウムは天然ウランや劣化ウランを原子炉で照射して製造される。中性子フラックスの高い研究用原子炉で短時間照射することにより，^{239}Pu の中性子捕獲反応による高次化（^{240}Pu，^{241}Pu，^{242}Pu などのように元素の質量数が大きくなること）が抑制されており，^{239}Pu の比率が大きいが，若干量の ^{241}Pu を含んでいる。^{241}Pu は半減期 14 年の β 核種であって，Pu の精製後壊変により ^{241}Am が生成してくる。長期間保管された試験用 Pu には ^{241}Am を 0.10mol%程度含むものはよくあり，このようなプルトニウムの場合，外部被曝線量の寄与のほとんどは，不純物として含まれる ^{241}Am の放出率の大きい約 60keV の γ 線である。したがって，古い Pu を使用する場合には，あらかじめプルトニウムを精製し，Am 等の不純物を除去することが重要である。プルトニウムの精製には，陰イオン交換樹脂を用いるイオン交換法により行うことが一般的である。

16.3　廃棄物管理

大学・研究所から発生する放射性廃棄物（研究所）は，日本アイソトープ協会が引き取り処分することになっているが，ウランやプルトニウムといった核燃料物質・核原料物質については，引取りの対象外であり，各事業所での保管が必要である。同位体の多くが α 線を放出するプルトニウムは，放射能毒性が高いため，廃棄にあたっても特別の注意を要する。体内に取り込むと内部被ばくを引き起こすため，放射能が漏れないように丈夫で耐久性の高いビニールバッグ等に封入して廃棄する。グローブボックスの搬出入ポートから廃棄物を PVC バッグ（図 16.4 参照）に梱包し，溶接機（シーラーと呼ばれる。図 16.5 参照）で PVC バッグを溶接する。溶接部の中央をハサミで切断する。ハサミによる切断面とハサミには，よく汚染が検出される。そのため，グローブボックスの物品や核燃料物質，核燃料物質を含む廃棄物を搬出入する際には，作業員は半面マスクを着用する。しかし，あまりに頻繁に汚染トラブルが発生するために，原子力機構

図 16.4　グローブボックス付属 PVC バッグ

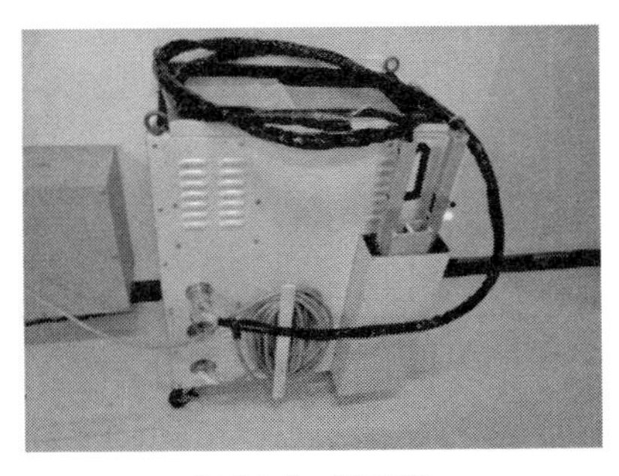

図 16.5　溶接機

では，全面マスクを使用することを義務付ける作業エリアが増えている。

放射性廃棄物に限らないが，グローブボックスから搬出した汚染物は2重にPVCバックで梱包・密封する。放射性廃棄物は，施設で定められた放射性廃棄物保管施設において所定の容器（例えば，ステンレス製200ℓドラム缶（図16.6参照））に収納する（図16.7参照）。

図16.6　ステンレス製200ℓドラム缶

図16.7　ステンレス製200ℓドラム缶に収納された廃棄物を梱包したPVCバッグ

放射性廃棄物は，処理処分方法と内容物の性状に応じて分類する。プルトニウムを含む廃棄物は，将来的にTRU廃棄物として埋設処分される計画であるが，具体化していない。それまでは廃棄物処理施設で保管を続けるため，SUS等の耐久性の高いドラム缶に収納する。

プルトニウムそのものを廃棄する場合，PuO_2などの化学的に安定にしたPu化合物を数ℓの容量のポリ容器に収納し，セメントと共に混合して固化することが長期間保管に適すると考えられていた。しかし，平成29年の原子力機構大洗研の貯蔵プルトニウムを入れたPVCバッグの破裂事故以来，セメントに含まれている水のα線による放射線分解によって，水素ガスが発生する可能性が指摘され，現在，Pu廃棄物の長期間保管用の方法に課題がある状態となっている。

16.4　汚染評価と除染

汚染された物品や床面の汚染検査方法には，物品表面や床面を直接的に放射線サーベイメータで測定する直接法と，汚染された物品や床面をスミヤ紙で拭き取り，それを放射線サーベイメータで測定する間接法がある。間接法での拭き取り効率として，表面が平滑の場合は0.5，それ以外の場合は0.1が用いられる。

グローブボックス内部の汚染状況を測定する場合には，床面や側面を拭ったスミヤ紙の拭き取り面をPVCバッグ内側などに接触させないようにしてグローブボックスから搬出する。このような汚染密度の高いスミヤ紙の測定は，フード内で拭き取り面にマイラーを貼り付けて行う。マイラーはα線を透過する薄い膜で放射性物質をスミヤ紙に固定する。スミヤ紙をアルミニウムホルダーに入れて，マイラーの上からα線サーベイメータで測定する。

作業エリア等に汚染が見つかった場合，濡れウエスで汚染箇所を拭きとり除染する。α核種の汚染検査及び除染作業を行う際には，内部被ばくを防止するため，半面マスク等の呼吸保護具を着用することも大切である。汚染に備えて，作業台，床，壁その他の作業エリア表面をビニールシートなどであらかじめ覆っておくことも汚染対策として有効である。

16.5　核セキュリティ

プルトニウム等の核燃料物質は，大量破壊兵器である核兵器の原料物質でもある。また，その他の放射性物質についても，そこから放出される放射線は人体に健康被害を与え得るのみならず，放射能による身体や環境の汚染は直接的な障害だけでなく，心理的な負担も大きく人々に恐怖を与える。このため，核燃料物質及び放射性同位元素の利用は厳重な管理のもとに行わなければならない。

我が国では，「核物質の防護に関する条約」のもと，プルトニウムや濃縮ウラン等の核燃料物質を対象として，核物質の盗難や不法な移転，原子力施設又は核物質の輸送への妨害破壊行為に対する防護，すなわち核物質防護が国際的な協力体制で取り組まれてきた。2001 年の米国における同時多発テロ以降は，核物質だけでなく，その他の放射性物質を使ったテロ活動への関心・懸念の高まりにより，防護の対象が放射性物質全般による核テロ活動に広げられ，IAEA，国連等による核テロ防止のための国際協力が強化されている。

(a) 核セキュリティの対象核セキュリティとは，「核物質，その他の放射性物質，その関連施設及びその輸送を含む関連活動を対象にした犯罪行為又は故意の違反行為の防止，検知及び対応」[1] と定義されており，具体的には，次の脅威に対する防止措置を指す。

① 核兵器の盗取
② 盗取された核物質を用いた核爆発装置の製造
③ 放射性物質の発散装置（ダーティボム）の製造
④ 原子力施設や放射性物質の輸送等に対する妨害破壊行為

(b) 国内の核セキュリティ体制 [2]

核セキュリティを確保するため，国は核物質等や関連施設の計画から施設の閉鎖，その物質の最終処分に至る全期間を対象とした規制を整備する責任がある。一方，核セキュリティに係る防護の実施に関する主体的な責任は，核物質や放射性物質の使用等について国の許可等を得た者（「許可事業者」）が負っている。許可事業者が行う防護措置には以下のようなものがある。

① 防護区域の設定・障壁の設置
② 立入制限・出入管理
③ 監視装置の設置，連絡手段の確保
④ 情報管理
⑤ 脅威に応じた防護措置の実施
⑥ 防護措置の定期的な評価と改善

許可事業者は，核物質防護の対象となる原子力施設において区画（防護区域）を定めて堅牢な障壁等を設置しなければならない。更にフェンス等により区画された周辺防護区域や立ち入り制限区域を設定し，防護区域への物理的な接近を防いでいる。防護区域，周辺防護区域への人や核物質の出入りは厳重に管理され，監視装置や巡視により不正な侵入を防止している。このような許可事業者が講じる防護措置は，国がその実効性を定期的な検査により確認している。

また，原子力施設内での業務に従事する人物による妨害，破壊行為や，核物質・情報の窃取への対策を強化するため，重要施設に常時立ち入る全ての者を対象とした個人の信頼性確認が制度化された。ここでは，個人のプライバシー保護に配慮しつつ，本人確認，適性検査，薬物・アルコール検査，個人面接を通した要注意人物の特定が実施されている。
この他にも，防護上の重要性に応じて区域を細分化し，アクセス制限を強化したり，特定区域での作業を複数人でおこなうことにより相互監視したりする対策がとられている。

(c) 管理者不明の核物質に対する核セキュリティ

核燃料物質や放射性物質は適切に管理されるべきであるが，原子炉等規制法や放射性同位元素等規制法の施行以前に使用されていた研究用の核燃料物質や機器校正用の放射性線源などが思わぬところから発見される事例が，しばしば生じている。このような管理者が不明，あるいは管理責任者が管理能力を有さない放射性物質等を安全でない状態にしないために，当該物質が発見された際にとる手続きが整備されている。管理外の放射性物質等を発見した場合は，線量測定や安全管理のための措置が必要な場合以外は近づかず，原子力規制委員会に速やかに連絡する［3］。

(d) 核鑑識

捜査当局により押収・採取された核物質は，元素，核種，物理・化学的形態，組成等が分析され，その物質の出所や履歴，移動経路等が分析・解析される。この技術的手段を核鑑識と呼ぶ。核鑑識活動には，対象物質の採取，分析，分析結果とデータベースとの照合・解析などが含まれる。核セキュリティにかかわる技術開発には以下のようなものがある。

① 超精密分析による微量核物質の検出・同位体組成・不純物分析
② 中性子を利用したアクティブ非破壊分析・検出法
③ 核共鳴蛍光非破壊分析法による貨物中に隠蔽された核物質の検知技術
④ 核物質の魅力度（爆発物への転用のし易さ）評価研究

さらに，核物質や放射性物質の不正な取引やテロ活動に用いられる物質の起源を特定する技術開発により，核テロ等に対する抑止効果が高められる。また，国際的な核鑑識ネットワークの構築も核セキュリティの強化を担っている。

参考文献

［1］ 原子力委員会報告書「核セキュリティの確保に対する基本的考え方」平成23年
［2］ 原子力委員会報告書「我が国の核セキュリティ強化について」
［3］「管理下にない放射性物質を見つけた場合」原子力規制委員会，https://www.nsr.go.jp/nra/gaiyou/panflet/houshasen.html

第 17 章　核燃料サイクル [1-11]

17.1　使用済燃料

軽水炉の運転において，当初は ^{235}U の核分裂によりエネルギーを生成しているが燃料中に共存する ^{238}U が中性子を吸収後，Np を経由して ^{239}Pu を生成する。燃焼とともに炉内で生成された Pu も核分裂して発電に寄与している。UO_2 燃料を燃焼度 3 万 MWd/t で取り出し，150 日間冷却すると，使用済燃料中には 1％のプルトニウムが含まれている。軽水炉内におけるプルトニウムに関わる核反応と MA の生成について図 17.1 にまとめた。この図では，U，Np，Pu，Am および Cm について核反応による核種生成の関係を示してある。↑が中生子捕獲反応（n, γ）であり，質量数が 1 つ増加する。一方 ^{238}U から↓の反応は（n, 2 n）反応で，質量数が 1 つ減少する。→は β 崩壊を示し，原子番号が一つ上がる，すなわち，他の元素へ変換する。また ^{238}U や ^{239}Pu など多くの核種では α 崩壊し，原子番号

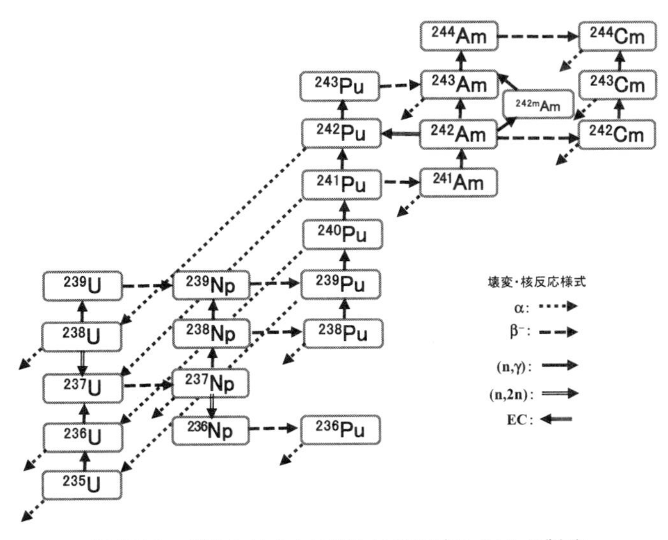

図 17.1　プルトニウムに関わる核反応と MA の製造

表 17.1　我が国の Pu 保有量［9］

区　分	保管場所		Pu 量（t）
海外保管分	英　国		20.8
	仏　国		16.2
	小　計		37.0
国内保管分	電力会社		1.6
	日本原燃再処理工場		3.6
	研究開発機関	JAEA 再処理工場	0.3
		JAEA 燃料加工施設	3.8
		JAEA その他施設および その他国内研究機関	0.5
	小　計		9.8
合　計			46.8

および質量数がそれぞれ，2 および 4 減少する。^{242}Am は EC（電子捕獲）により陽子が中性子となるので，原子番号が 1 つ減少して Pu となる。原子炉内では，^{236}Pu から ^{243}Pu にわたる Pu 核種が存在するが，質量数が奇数の核種は核分裂に寄与し，偶数の核種は中性子を吸収する。また，個々の核種の半減期により，燃料への再利用や廃棄物処理において影響があるので使用済燃料からリサイクルするか，また，他のアクチノイド生成へ寄与するか評価する。

表 17.1 には現在の我が国の Pu 保有量を示す［9］。全体で 47t であるが，商業炉の使用済燃料は英国および仏国へ再処理されるので回収 Pu は多くが両国に保管されている。国内保管分では，電力会社と再処理および MOX 燃料製造を行う日本原燃㈱（JAEA）に約半分の 5 t が，残りは JAEA の再処理施設ならびに常用などの燃料加工施設と他の国内研究施設にある。

また，表 17.2 には国内原子力発電所の使用済核燃料貯蔵量と Pu 保有量を示す［9］。発電所での Pu は，プルサーマル利用としての MOX 燃料として保有しているものである。一方，使用済燃料中には 1％の Pu が含ま

表17.2　国内原子力発電所の使用済核燃料貯蔵量とPu保有量［9］

電力会社	使用済燃料貯蔵量（tU）（2019年度末実績）	Pu所有量（t）（2020年度末予想）
北海道	510	0.3
東　北	680	0.7
東　京	7,040	13.7
中　部	1,380	4.0
北　陸	170	0.3
関　西	4,190	12.6
中　国	590	1.4
四　国	890	1.5
九　州	2,410	2.2
日本原子力発電	1,180	5.0
計	19,040	41.7

れているとすると，19,000tの1％，190tのPuが存在していることになる。使用済燃料のままではすぐには核兵器への転用は難しい。ただ，天然Uから^{235}Uを兵器グレードまで濃縮する場合，同位体分離を行う必要があり，容易でない。一方，使用済燃料かは，化学分離により容易にPuを分離・回収できる。さらに，Puの方が臨界量がUより少ないとなると，Puについてはより厳しい核セキュリティが要求され，これについては本書16.5節を参照されたい。

17.2　再処理

UおよびPuを利用する系では，使用済燃料を再処理して，UおよびPuの燃料成分を分離・回収し，その他MAやFPは高レベル放射性廃棄物として処理・処分される。軽水炉の再処理法には湿式および乾式法があり，Puの挙動に関して簡単に紹介する。その詳細については，ウランの化学(I)－基礎と応用－の12.7節［5］を参照されたい。図17.2は再処理プロセスの基本工程と種々のプロセスフローを比較した。基本工程には，脱被覆，燃料分解，U-Pu分離，U-Pu相互分離，燃料製造がある。湿式法で

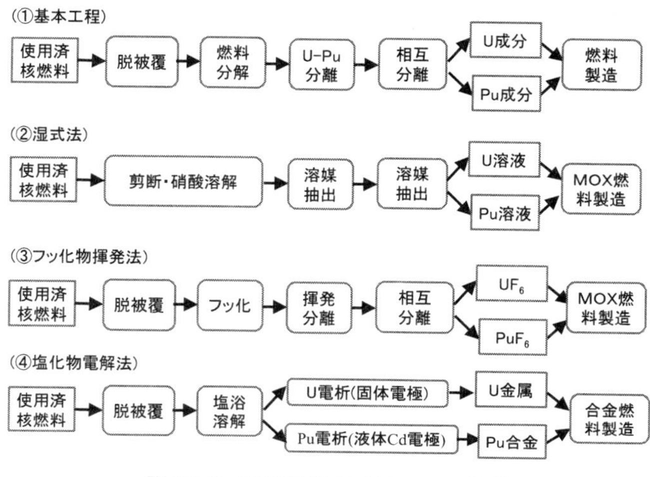

図 17.2　再処理プロセスフローの比較

は，燃料棒のせん断・硝酸溶解（チョップアンドリーチ）後，FPやMAを高レベル放射性廃棄物として分離してU-Pu含有溶液を得る。その後，UおよびPuの相互分離によりUおよびPu溶液を得，混合，酸化物転換してMOX燃料を得る。乾式法（③，④）では燃料棒からボロキシデーションなどにより脱被覆した後，③では燃料酸化物をフッ化物に転換し，UF_6およびPuF6気体を得て，混合，濃縮により所定濃縮度のMOX燃料を得る。一方，④ではUO_2のLi還元により粗U金属を得た後，塩化物溶融塩中にて電解精製を行う。すなわち，固体電極上にU金属を電析させる一方，PuやMAは液体Cd電極中へ共析させる。Cdを蒸留分離して得るPU-MA合金に，UおよびZrを添加し，U-Pu-Zr合金燃料を製造する。このようにUとPuをどのような状態で分離し，その後，U-Pu燃料としてリサイクルできるかが重要である。特に，湿式法に比べ，乾式法ではUおよびPuについて高い分離係数は得られないものの，核不拡散や廃棄物処理・処分の観点から効率よく混合燃料を製造できるプロセスが望ましい。

その1例として，著者らが開発した硫化物再処理法［6,7］では，使用

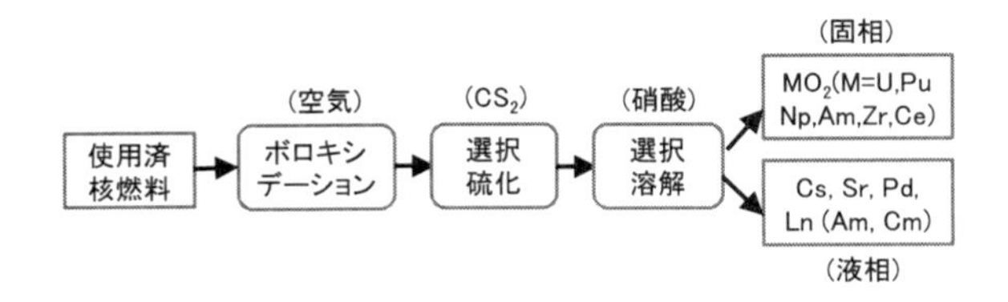

図17.3　硫化物再処理プロセスのフロー

済核燃料を用いた硫化試験を実施しており，それについて述べる [8]。図17.3には硫化物再処理プロセスのフローを示す。使用済核燃料を空気中で加熱して酸化による体積増加（ボロキシデーション）させて粉砕する。次に，二硫化炭素（CS_2）と400℃程度で反応させ，燃料中のアルカリ土類元素や希土類を，それぞれ硫化物，オキシ硫化物に硫化する。この際，UO_2固溶体として存在するPuやMAは硫化されず，二酸化物を維持する。その後，硝酸により硫化された成分を溶解し，固相と分離する。この方法は燃料を全量溶解するのではなく，FP等を選択的に分離する方法である。

実際，使用済燃料（燃焼度45GWd/t，4年冷却）を想定した組成を持つ模擬試料約4gを用いて，UO_2ペレットに成型後，ボロキシデーション，CS_2による硫化および硝酸による溶解試験を行った。まず，ボロキシデーションは酸素気流中，800℃にて45分加熱し，酸化・粉砕した。その際の重量増加は4.0%でUO_2からU_3O_8への重量増加（3.9%）と同等であった。さらに粉砕後の試料をCS_2と反応させ，選択硫化を行った。その際の硫化温度と重量増加との関係を調べると，CS_2雰囲気でU_3O_8がUO_2に還元される際の重量減少は3.4%であるが，300℃や400℃の場合にはこの値より少し減少率が低くなっており，UO_2内にイオウが入っていることが分かった。さらに400，450℃になると急激に重量減少が低下，すなわち重量増加しており，硫化がより進んでいた。この時の硫化反応は次式のようになり，PuもUと同様にオキシ硫化物を生成すると思われる。

$$UO_2 + CS_2 = UOS + COS \quad (17\text{-}1)$$
$$PuO_2 + CS_2 = PuOS + COS \quad (17\text{-}2)$$

一方，$Nd_yU_{1-y}O_{2+x}$固溶体試料を500℃にて硫化した場合，XRDによる相解析ではUO_2およびUOS相が存在した。格子定数からはUO_2相は$UO_{2.00}$であり，別相としてNdが固溶したUOS相を生成することが分かった。Puの場合にも同様の反応が考えられる。

$$(Pu, U)O_2 + CS_2 = UO_2 + (Pu, U)OS + COS \quad (17\text{-}3)$$

図17.4には硫化温度と模擬試料中の各元素の酸溶解率（%）を示す。UやPu，Amは350℃以下では溶解率が低いものの，400℃以上の硫化処理では，20%以上となり，硫化による効果がみられる。Zrも同様の挙動を示しており，二酸化物としてUO_2に固溶していることが分かる。希土類元素

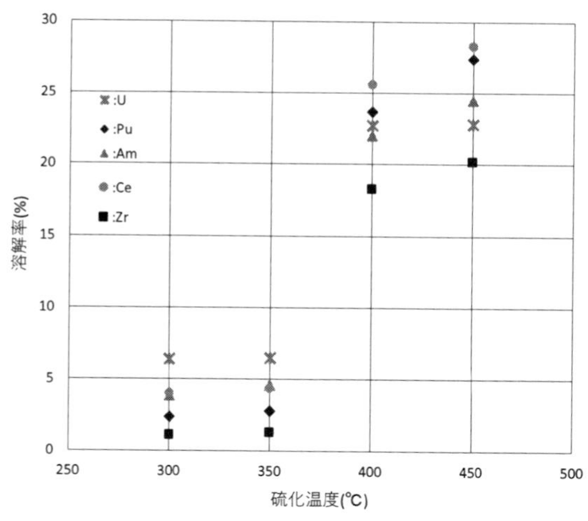

* 硫化後試料, 1M-HNO_3, 25°C, 1h

図 17.4　硫化温度と各元素の酸溶解率（%）［8］

の場合，350℃以下では低い溶解率を示すものの，それ以上の硫化温度では高くなり，上記アクチノイド元素の場合と同様に硫化効果が表れている。これらの挙動は，重量変化から得られた硫化挙動に対応している。この他，Sr や Ba の場合では低い硫化温度でも高い溶解率を示しており，低温硫化の効果とともに酸化物そのものが溶解しやすいことがわかる。

17.3　MOX 燃料

軽水炉の使用済燃料から U および Pu の核分裂性物質を再処理により回収し，新たに燃料として他の原子炉において使用する。酸化物燃料の場合，MOX（Mixed Oxide）燃料と呼ぶ。軽水炉から高速増殖炉への路線であるが，その中間段階として転換比を改良した新型転換炉が開発されたが，実証炉までは至らなかった。一方，高速炉は原型炉「常陽」が運転されたが，実験炉「もんじゅ」が紆余曲折の末，廃止となり，その後の高速炉の実用化が遠のいている。このような状況で，回収 Pu を消費するために，軽水炉で Pu を使用するプルサーマル利用が PWR や BWR において実施されている。そのため，Pu富化度を低下させたMOX燃料が開発され，実用されてきた。

MOX ペレット製造においては，原料粉末の特性が焼結体の特性や微細組織に大きく影響する。このため，UO_2 および PuO_2 混合粉末調製やペレット成型が重要となる。特に軽水炉燃料の高燃焼度化により Pu の同位体組成において発熱率や放射線強度が強い ^{238}Pu や ^{240}Pu の割合が高まっている。このことは，核セキュリティは向上するものの，取扱において被ばく防止対策が必要となり，また，燃料製造においては，粉末の部分酸化や添加剤の劣化につながる。

UO_2 に PuO_2 を添加して固溶体燃料とした場合，UO_2-PuO_2 擬二元系の固相―液相の状態は図 17.5 のようになる。融点 2850℃をもつ UO_2 に対し，融点 2350℃の PuO_2 を添加すると PuO_2 量とともに連続的に低下する。また，格子定数も UO_2（2.470 Å）に対して，PuO_2（5.396 Å）は小さくなる。PuO_2 量の増加とともに化学的には安定し，再処理の硝酸溶解条件

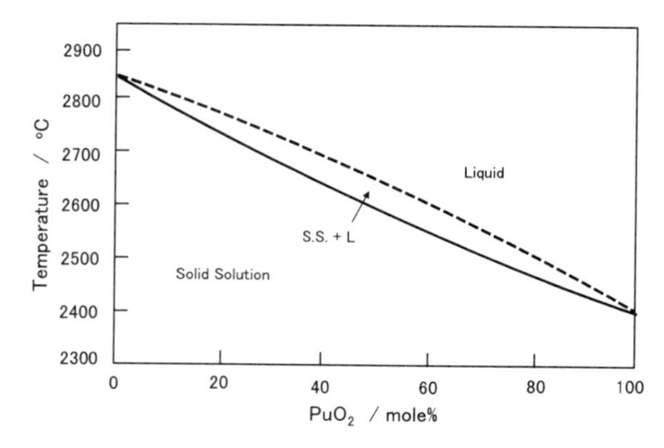

図 17.5　UO_2-PuO_2 擬二元系の固相－液相の状態図［12］

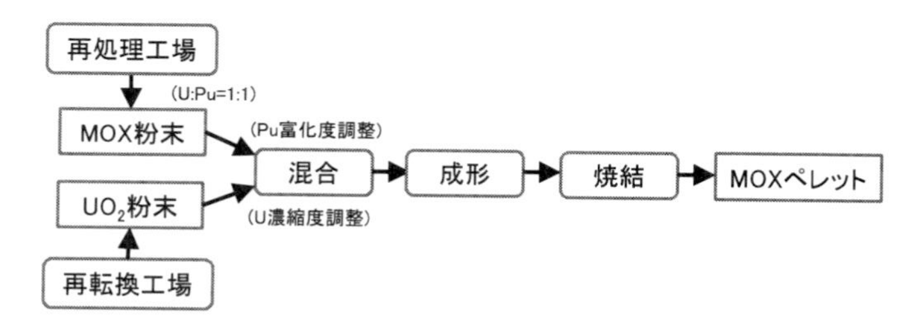

図 17.6　MOX 燃料ペレット製造フロー

が厳しくなる。

図 17.6 には MOX 燃料ペレットの製造フローを示す。再処理工場からは U:Pu 比が 1:1 になるように MOX 粉末が出荷される。以前は U と Pu を分離してそれぞれの酸化物を製造していたが，核セキュリティ対応のため，混合酸化物を製品としている。一方再転換工程からは濃縮 U の UO_2 粉末が出荷される。これらを所定の U 濃縮度と Pu 富化度になるよう混合し，その後，成形，焼結を経て MOX ペレットとする。この他，焼結ペレットには切削や検査工程が加わる。

表 17.3 には種々の炉型とそれに対応する MOX 燃料の仕様を示す。当初

表 17.3　炉型と MOX 燃料の仕様 [13]

炉型	軽水炉	新型転換炉	高速炉	
原子炉	大間	ふげん	常陽	もんじゅ
U 濃縮度（%）	1.2	3-5	3-5	3-5
Pu 富化度（%）	2,9	2.6-5.7	23-29	22-30
外径（mm）	10.0	12.40	4.63	5.40
密度（% TD）	94-96	95	94	85

は，新型転換炉での MOX 燃料装荷が進み，続いて高速炉での使用が実施された。その後，プルサーマルが検討・実施され，軽水炉での MOX 燃料製造と使用が進められている。新型転換炉「ふげん」では，軽水炉用燃料の U 濃縮度を有し，Pu 富化度は 3 − 6 %であった。高速炉では，同様の U 濃縮度に，Pu 富化度が 20 − 30%まで高めた燃料が使用された。この場合，軽水炉燃料より高燃焼度で，FP や MA の生成量が多く，体積増加となるので，これに対応するように 85% TD の低密度燃料としている。これに対し，プルサーマル利用では，再処理工程から得た劣化 U を使用するため，U 濃縮度は 1 %程度である。これに 3 %程度の Pu 富化度として，燃料における核分裂性物質量を確保している。一方，青森県大間町では，軽水炉では初のフル MOX-ABWR を建設中である [13]。大間原発は当初，新型転換炉ふげんの実証炉を予定していたが，軽水炉（柏崎・刈羽原発 7 号機，ABWR（135 万 kw）へ変更した。この炉では，炉心に UO_2-Gd_2O_3 燃料棒の UO_2 燃料集合体と UO_2-PuO_2 燃料棒の MOX 燃料集合体からなる。UO_2 燃料の ^{235}U 濃縮度は 3.8%で取出平均燃焼度は 45 GWd/t としている。一方 MOX 燃料は表 17.3 に示すように，^{235}U 濃縮度：1.2%および Pu 富化度 2.9%で，取出平均燃焼度は 33 GWd/t としている。フル MOX 炉は UO_2 炉やプルサーマル炉に比べ過酷な状態となるため，以下のような重大事故対策や被ばく対策が考えられている。

・高価値制御棒の採用（天然 B（^{10}B;20%）から濃縮 B（^{10}B;50%））
・ホウ酸水貯蔵タンク容量の増加（29 m^3 から 36 m^3）

・大容量主蒸気逃がし安全弁の採用
・MOX 燃料検査装置の採用

17.4　Pu の利用

表 17.1 や表 17.2 に示したように，我が国には相当量の Pu が蓄積している。エネルギーセキュリティ，核セキュリティ，環境保全の観点からも Pu の利用推進が望ましい。表 17.4 には国内原子力発電所における Pu 利用目安量を示す。東京電力福島第一および第二発電所は廃炉となり，柏崎刈羽発電所の再稼働されていないので，使用予定は未定である。一方，建設中の大間原子力発電所の利用目安量が追加されている。利用目安量を合計すると 7.7t となる。これは 2020 年度国内保有量の 1/5 程度である。

また，核兵器削減の動きの中で，解体した核弾頭の Pu の処理がある。核兵器に装填されている Pu 金属は ^{239}Pu や ^{241}Pu といった核分裂性核種の同位体比が高い兵器級 Pu である。表 17.5 に，兵器用 Pu と民生用 Pu の同

表 17.4　国内原子力発電所における Pu 利用目安量 [10]

電力会社	プルサーマル対象炉		利用目安量 (t/y)
	発電所	号機	
北海道	泊	3	約 0.5
東　北	女川	3	約 0.4
東　京	未定		−
中　部	浜岡	4	約 0.6
北　陸	志賀	1	約 0.1
関　西	高浜	3，4	約 1.1
	大飯	1～2基	約 0.5 − 1.1
中　国	島根	2	約 0.4
四　国	伊方	3	約 0.5
九　州	玄海	3	約 0.5
日本原子力発電	敦賀	2	約 0.5
	東海第二	−	約 0.3
電源開発	大間	−	約 1.7

表17.5　兵器用および民生用Puの同位体組成［14］

		Pu同位体組成（%）				
		^{238}Pu	^{239}Pu	^{240}Pu	^{241}Pu	^{242}Pu
兵器用		0	94	5	1	0
民生用	PWR（実燃焼度）	1.5	60.1	24.5	8.8	5.0
	PWR（高燃焼度）	2.6	54.0	24.2	11.8	7.4
	MAGNOX	0.3	76.1	18.4	4.4	0.8

位体組成の例を比較して示す［14］。兵器用Puは核分裂性核種（^{239}Pu＋^{241}Pu）で95%を占める高濃縮Puである。一方，民生用すなわち発電用原子炉の使用済核燃料中のPu同位体組成はPWRの場合，実燃焼度で核分裂性核種が68.9%である。高燃焼度になると核分裂性核種の組成は65.8%と低下し，核拡散抵抗性が高まることになる。PWRに対してガス冷却炉（MAGNOX炉）では核分裂性核種の組成は80.5%と高まり，核拡散抵抗性が低くなる。実際，半世紀以上前に英国から購入した^{239}Puは原子炉で5000 MWD/tの低燃焼度燃料から分離したもので，^{239}Pu濃度が95%以上という高濃縮Puであったことがある。

このような核弾頭から分解・回収した兵器用Puを酸化物に変換して，所定のPu富化度になるよう調整して，MOX燃料として使用する。さらに核兵器用高濃縮Uと合わせて，原子炉への利用が検討，実施されている。実際，日本原子力研究所がロシアにて兵器用Puの発電用MOX燃料へのリサイクルが試みた例がある［15］。図17.7には兵器用Puを含む原料からMOX燃料用酸化物顆粒を製造するプロセスを示す。ここでは，その例を紹介する。このプロセスは，塩化物溶融塩を用いる乾式プロセスである。まず，兵器用Pu金属を含む（U, Pu）原料をNaCl-2CsCl溶融塩中に投入し，塩素を吹き込んで塩素化溶解する。この場合，UはVI価の状態を取るが，PuはIII価に留まる。

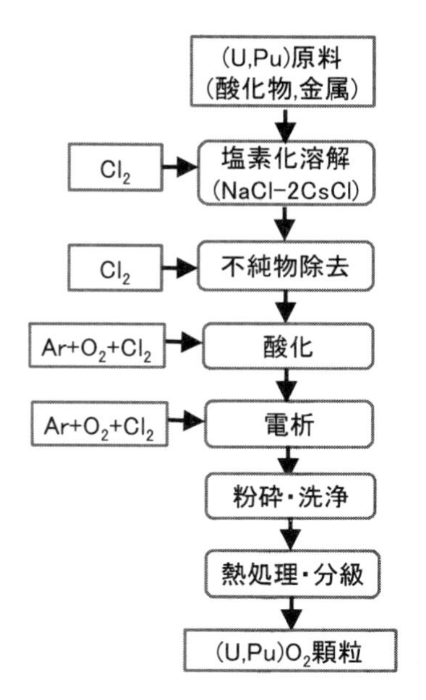

図 17.7　兵器用 Pu 含有原料からの MOX 燃料用酸化物顆粒製造プロセス
［15，一部改変］

$$UO_2 + Cl_2 = UO_2Cl_2 \tag{17-4}$$

$$Pu + Cl_2 = PuCl_3 \tag{17-5}$$

不純物除去後，酸素を吹き込むと Pu はⅥ価まで酸化され，U と同様ニルイオン（MO_2^{2+}，M = U, Pu）となる。その後，電解工程において，溶融塩中のニルイオンは電子をもらって陰極に二酸化物としてデンドライト（樹枝状）に析出する。ここで，陽極では塩素が発生する。

$$PuCl_3 + O_2 = PuO_2Cl_2 + 1/2\,Cl_2 \tag{17-6}$$

$$MO_2^{2+} + 2e^- = MO_2 (M = U, Pu) \tag{17-7}$$

$$2Cl^- = Cl_2 + 2e^- \tag{17-8}$$

電析により回収した（U, Pu）O_2 を粉砕後，洗浄して塩を除去し，熱処理後分級して MOX 燃料用顆粒を製造する。MOX 燃料の U およびの同位体組成や U/Pu 比は出発原料の組成に依存するので，目的となる燃料の組成になるよう出発原料を調整する。

参考文献

［1］ L. R. Morss, N. M. Edelstein, J. Fuger eds, "The Chemistry of the Actinide and Transactinide Elements", 3rd edition, Vol.2, Springer, (2006) 200.
［2］ M. Benedict, T. H. Pigford, H.W. Levi 著（清瀬量平訳），「使用済燃料とプルトニウムの化学工学」，「原子力化学工学」第Ⅲ分冊，日刊工業新聞社，(1984)
［3］ 佐藤修彰，桐島　陽，渡邉雅之，「ウランの化学（Ⅰ）－基礎と応用－」，東北大学出版会，(2020)
［4］ 大島博文，安部智之，原子力学会誌，45（2003）412-417
［5］ 小林哲郎，原子力学会誌，56（2014）378-383
［6］ 佐藤宗一，佐藤修彰，特許第 4025809 号（2007）
［7］ A. Kirishima, T. Mitsugashira, T. Ohnishi, N. Sato, J.Nucl.Sci. Tech., 48（2011）958-963
［8］ 文部科学省原子力基礎基盤戦略研究イニシアチブ「硫化反応を用いる核燃料再処理法の基礎研究」報告書，(2011).
［9］ 第 19 回原子力委員会資料（2018）
［10］ 第 6 回原子力委員会資料（2021）
［11］ 原子力委員会見解（2021）
［12］ K. Bakker, E. H. P. Cordfunke, R. J. M. Konings, R. P. C., J. Nucl. Mater., 250, (1997), 1-12
［13］ 小林哲朗，日本原子力学会誌，56（2014）378-383
［14］ F. Burtak, G. J. Schlosser, Nucl. Tech., 123（1998）268-277
［15］ 鈴木美寿，岩淵淳一，葛西善充，久野祐輔，持地敏郎，JAEA-Review，2012-044 (2013)

第18章　原材料と製品

18.1　利用状態［1-4］

文部科学省が策定している核燃料物質・核原料物質の使用に関するガイドラインでは，ウランやトリウムを含む原材料や製品に関する記述があるものの，プルトニウムに関する記述はない。すなわち，我が国では，プルトニウムを含有する原材料や製品はあまり出回っていないと思われる。プルトニウムを含有するものとしては表18.1のようなものがあり，RIとしての利用と核物質としての利用に分けられる。前者では，RIを熱源として保温・加熱装置に利用したり，原子力電池としてペースメーカー等医療機器に利用している他，放射線利用として校正用密封α線源がある。一方，核物質としての利用には，起動用中性子源としてのPu-Be線源のほか，大量のプルトニウムを瞬時に反応させる核爆発とための核弾頭としての利用がある。

表18.2には製品に使用される^{238}Pu，^{241}Am，^{242}Cm，^{244}Cm，^{252}Cfの核特性を示す。^{238}Puは^{237}Npの（n, γ）反応により生成する。半減期が86年でα崩壊し，その比放射能は6.5×10^{11}Bq/gである。^{241}Amや^{242}Cm，^{244}Cmと同様に自発核分裂の半減期が長く，α線の利用が主となる。出力も小さいので，ペースメーカー等微小電力で済む小型機器に使用される。その際，これに対し，^{252}Cfでは自発核分裂の半減期が比較的短く，発生数も多いので，中性子源となる。さらに，^{239}Puや^{242}Puは（n, γ）反応に

表18.1　プルトニウムの利用状態

利用方法	利用形態	例
RIとしての利用	熱源	保温・加熱装置
	電池	ペースメーカー
	線源	校正用線源
核物質としての利用	中性子源	Pu-Be線源
	核兵器	核弾頭

表 18.2　Pu, Am, Cm, Cf の核特性

核種	α崩壊			自発核分裂		比出力 (W/g)	生成核反応
	半減期 (y)	エネルギー (MeV)	比放射能 (Bq/g)	半減期 (y)	分裂数 (n/sec･g)		
^{238}Pu	87.4	5.49, 5.45	6.5 ×10^{11}	4.9×10^{10}	2.6×10^{3}	0.55	^{237}Np (n, γ), β
^{241}Am	458	5.48, 5.43	1.3 ×10^{11}	2.3×10^{14}	9	0.11	^{239}Pu (n, γ), β
^{242}Cm	163 (d)	6.07, 6.11	1.3 ×10^{14}	7.2×10^{4}	2.0×10^{7}	122	^{241}Am(n, γ), β
^{244}Cm	18.1	5.755, 5.798	3.1 ×10^{12}	1.3×10^{7}	1.3×10^{7}	2.83	^{239}Pu(n, γ), β
^{252}Cf	2.646	6.08, 6.12	2.0 ×10^{13}	85.5	2.34×10^{13}	39.0	^{242}Pu(n, γ), β

よりこれら Am や Cm, Cf の核種を生成できるといった特徴がある。

18.2　保温・加熱装置 [1]

^{238}Pu の他, ^{242}Cm や ^{244}Cm が熱源として利用される。半減期から, ^{238}Pu および ^{244}Cm 熱源は比較的長期間の用途に, ^{242}Cm は短期間の用途に使用される。1969 年, アポロ 11 号が月面に設置する地震計の保温に ALRH（Apollo Lunar Radioisotopic Heater）を運び, 夜間−184℃になるところを−54℃に保ち, 昼間は断熱材, 表面反射材により−18～60℃に保った。ALRH は Mound　Laboratory（米国）が開発したもので, 238PuO2 線源 37.6g を Ta-W 合金および Pt-Rh 合金の 2 重カプセルに溶封して放射性物質を閉じ込めている。15 Wth の熱エネルギーを放出する。また, Naval Research Institute（米国）では, ^{238}Pu 熱源（^{238}Pu : 750g, 420 W_{th}）により加熱した液体を電池駆動ポンプで潜水服内のプラスチック脈管に通じて保温するシステムを開発した。この他, 420Wth の ^{238}Pu 熱源による蒸発器を介して汚水か蒸留水製造装置も開発している。

18.3　プルトニウム電池 [1-3]

宇宙ステーションでは, 軽量, 長寿命かつ信頼性の高い電源が必要であり, そのための小出力電源として RI 電源が開発された。特に, 軽量化を図るために透過力の強い β, γ 線の遮蔽をあまり必要としない α 線を放

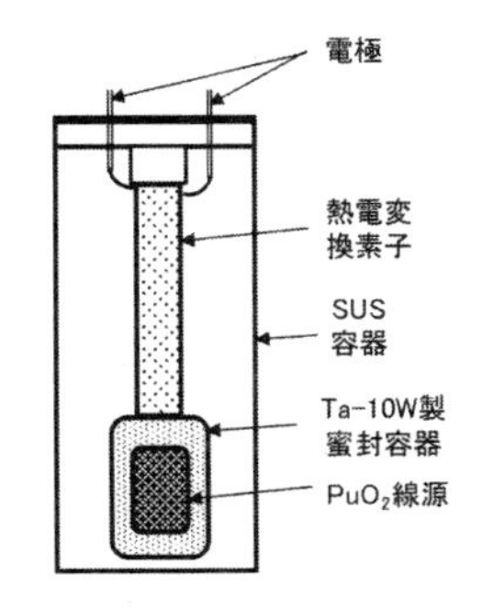

図 18.1　PuO_2 電池の構造 [1,2]

表 18.3　^{238}Pu の核種組成

	組成（wt%）
^{236}Pu	8×10^{-5}
^{238}Pu	79.77
^{239}Pu	16.92
^{240}Pu	2.69
^{241}Pu	0.492
^{242}Pu	0.177

出する核種（^{238}Pu, ^{242}Cm, ^{244}Cm）熱源を用いた電源が検討された。この際，α核種の熱源と，熱を電気エネルギーに変換するシステムを組み合わせて使用している。変換方式には，

(1) ランキンサイクル等熱機関を利用する力学型，(2) 光電効果を入用する光電変換型，(3) ゼーベック（Seebeck）効果を利用する熱電変換型がある。ここでは，（3）の熱電変換型 Pu 電池を取り上げる。

図 18.1 には米国 Gulf General Atomic 社製 PuO_2 電池の構造を示す。この電池では Seebeck 効果をもつ PN 接合型熱電変換素子を介して，熱を電力に変換する。この電池での線源は $^{238}Pu^{16}O_2$ である。

表 18.3 には ^{238}Pu の核種組成を示す。^{238}Pu が 80%，その他，^{239}Pu および ^{240}Pu をそれぞれ 17%，2.7% を含み，^{241}Pu および ^{242}Pu は 1% 以下である。これらは長半減期であり，熱源にはあまり寄与しない。一方，1 ppm 程度含まれる半減期 2.6 年の ^{236}Pu は壊変系列中に ^{212}Pb や ^{212}Bi, ^{208}Tl などγ線核種があり，年月とともにその量は増加する。また，^{236}Pu からのα線と軽元素と（α, n）反応により中性子を発生する。このため，^{236}Pu 量を 0.3 ppm 以下に精製した高純度 ^{236}Pu（medical grade と呼ぶ）を使用する。この他，^{17}O や ^{18}O との（α, n）反応を避けるため，同位体分離した ^{16}O を用いた $^{238}Pu^{16}O_2$ の形にして，γ線や中性子線を低減している。心臓ペースメーカーの駆動に必要なエネルギーが 50 〜 100 μW であ

り，Pu電池のエネルギーは，十分に大きく，長期間使用できるのが特徴である。

18.4　線源［4］

プルトニウムの線源としての利用には，(1) 中性子線源と (2) α線源がある。線源としての性質を表18.4に示す。^{238}Puおよび^{239}Puは^{226}Raや^{241}Am，^{227}Acと同様に特にBe(α，n) 基準中性子線源としての利用がある。基準線源としては (1) 高い比放射能をもつこと，(2) 線源のγ線放出率が低いこと，(3) 中性子放出率が時間とともにあまり変化しないこと，(4) 中性子のエネルギースペクトルが既知であり，線源により大きく変化しないこと，(5) α放出体とターゲット物質が合金化等安定化されていること，(6) 大きさが小さく，中性子の自己吸収，散乱が無視でき，等方的に放出されることの6要件が求められる。通常の (α，n) 線源の中性子収量が (0.02 − 1.0) ×10^6n/s・Ciであるのに対し，Be(α，n) 線源は(2 − 25) ×10^6と10^2〜10^3倍大きいことである。^{238}Pu-Be(α，n) 線源は^{239}Puの半減期も比較的長く，上記6要件を満たしており，^{241}Am-Be(α，n) 線源とともに最適であるが，市販されてはいないようである。一方，^{239}Pu-Be (α，n) 線源は比放射能が小さく，大きな線源となり，散乱により中性子スペクトルが変化する。また，混入している^{240}Puや^{241}Puにより中性子放出率に影響する。

次に，α線標準線源について紹介する［5］。α線の自己吸収が問題にならない程度に，メッキ（電着），真空蒸着などの方法で，金属製（SUSやPt）の支持板（バッキング）上に薄く広く固定されている。図18.2に^{239}Puα線標準線源の模式図を示す。α線の後方散乱は非常に少なく，放射能の値付けは，2π計数法により行われる。真空蒸着ではPuが蒸発して，Pu金属が固着されるが，電着の場合には，ウランの場合のように，溶液中にPu^{4+}で存在すればPu金属が，プルトニルイオン（PuO_2^{2+}）であればPuO_2として固着される。

表18.4　プルトニウム線源のαおよび中性子線

核種	α線			中性子		
	半減期 (y)	エネルギー (MeV)	比放射能 (Bq/g)	最大エネルギー (MeV)	平均エネルギー (MeV)	収量 (n/sec・Ci)
^{238}Pu	87.4	5.49, 5.45	6.5×10^{11}	11.0	4.0,4.5	2.3×10^{6}
^{239}Pu	24110	5.13, 5.15	2.3×10^{9}	10.6	4.5	2.0×10^{6}

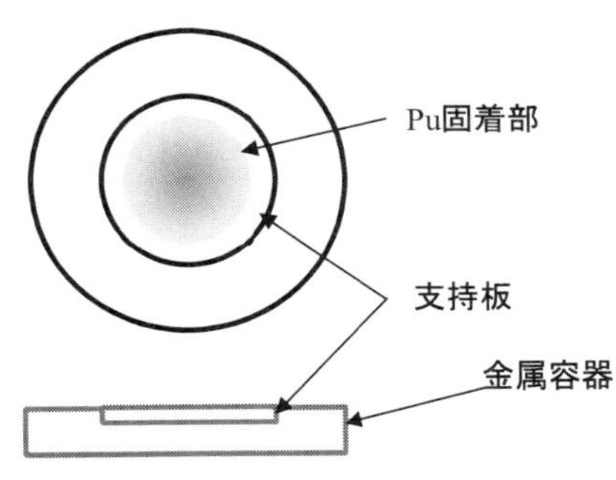

図18.2　^{239}Puα線標準線源の模式図

$$Pu^{4+} + 4e = Pu \tag{18-1}$$

$$PuO_2^{2+} + 2e^- = PuO_2 \tag{18-2}$$

このような線源は，旧法令において3.4MBq以下の密封線源として，Ge半導体検出器などのエネルギー校正や計数効率を求める際の，標準線源セット（^{14}C, ^{90}Sr, ^{60}Cs, ^{137}Cs, ^{133}Ba）で販売されていた。現行法令の下限数量以下ではRIとして規制対象にならないが，超える場合でもそのまま使用が可能であり，廃棄の場合にはRIとしての対応が求められる。一方，^{239}Pu線源の場合には，RIとは異なり，核燃料物質の湧き出しとして届け出る必要がある。

参考文献

[1]　榎本茂正，日本原子力学会誌，15（1973）534-543
[2]　栗原慎一郎，斉藤　忠，亀卦川孝司，荒井　一，竹山　守，山口和子，川嶋勝弘，野田　豊，RADIOISOTOPES，30（1981）638-645
[3]　M. Schaldach，堀　原一，人工臓器，2（1973）2-14
[4]　浜田達二，RADIOISOTOPES，28（1979）528-536
[5]　鈴木美寿，岩淵淳一，葛西善充，久野祐輔，持地敏郎，JAEA-Review，2012-044（2013）
[6]　F. Burtak, G. J. Schlosser, Nucl. Tech., 123（1998）268-277

第19章　環境中のプルトニウムと生体への影響

19.1　フォールアウト

環境中に存在するプルトニウムの大部分は1950年代から1960年代まで行われた大気中での核実験による放射性降下物（フォールアウト）である。その他，原子力発電施設事故の放出による周辺環境汚染や原子爆弾に由来するものがある。^{240}Pu/^{239}Puの比率は発生源により異なることから汚染源の特定にもなる。世界各国から採集した60あまりの土壌試料から求められた，いわゆるグローバルなフォールアウトの^{240}Pu/^{239}Puの比率は0.176 ± 0.014と報告されている［1］。原子炉内では燃料の燃焼度によりプルトニウムの同位体組成が異なり（表19.1），燃焼度が低い燃料では核分裂を起こす^{239}Puの割合が多く，^{240}Pu/^{239}Puの比率は低くなる。核爆弾用のプルトニウムの原料となりうる。反対に燃焼度が高いと^{240}Pu/^{239}Puの比率は高くなる。

従って，グローバルフォールアウトの^{240}Pu/^{239}Pu比率よりも高ければ原子炉由来，低ければ核爆弾との関連が予測される。表19.2には土壌サンプル等の^{240}Pu/^{239}Puの比率を示した。チェルノブイリ30km圏内の森林の表層土壌では^{240}Pu/^{239}Pu比率は0.4以上と高く，東京電力福島第一発電所事故後に発電所から20 － 30km圏内で採取された表層土壌や落葉落枝層でも^{240}Pu/^{239}Pu比率は0.3とグルーバルフォールアウトの値や東京電力福島第一発電所事故前の日本の土壌（0.182 － 0.194）と比べ高値であった。一方，長崎の西山地区で採取された土壌やムルロア環礁の堆積物から得られた^{240}Pu/^{239}Pu比率は0.03 － 0.04と低値であった。これらはPu爆弾の材料を反映していると考えられている［6］。ロシア連邦南ウラル地方のキスティム事故（マヤーク核技術施設の爆発事故）で汚染された土壌でも0.07程度の低い^{240}Pu/^{239}Pu比率が報告されている［8］。

表 19.1　燃焼度の異なる核燃料中プルトニウムの同位体組成［2］

燃焼度 (100 MWD/t)	^{238}Pu	^{239}Pu	^{240}Pu	^{241}Pu	^{242}Pu	^{240}Pu/^{239}Pu*
	(wt/%)					
Low	0.01	93	6	0.5	0.04	0.065
8 − 10	0.10	87	10	2.4	0.30	0.115
16 − 18	0.25	75	18	4.5	1.0	0.240
25 − 27	1.0	58	25	9.0	7.0	0.431
38 − 40	2.0	45	27	15.0	12.0	0.600

＊ 表中の数値から換算した

表 19.2　土壌サンプル等の ^{240}Pu/^{239}Pu の比率

サンプル	240 Pu/239 Pu	備考	文献
表層土壌	0.408 ± 0.003	チェルノブイリ 30 km 圏内	[3]
表層土壌 *	0.303 ± 0.030	東京電力福島第一発電所 20 km	[4]
落葉落枝層 *	0.323 ± 0.017	東京電力福島第一発電所 26 km	[4]
落葉落枝層 *	0.330 ± 0.032	東京電力福島第一発電所 32 km	[4]
表層土壌 **	0.183 ± 0.011	福　島	[5]
表層土壌 **	0.182 ± 0.009	茨　城	[5]
表層土壌 **	0.192 ± 0.011	宮　城	[5]
表層土壌 **	0.189 ± 0.009	千　葉	[5]
表層土壌 **	0.194 ± 0.037	東　京	[5]
表層土壌	0.032	長　崎	[6]
堆積物	0.043 ± 0.008	ムルロア環礁（IAEA − 368）	[7]

＊　2011 年 5 月 20 日採取
＊＊　1969 年 − 1977 年に採取

(1) オクロの天然の原子炉［9］

次に，前著［10］でも簡単に紹介したが，オクロの天然の原子炉について，同一元素の同位体比を評価した例として述べる。中央アフリカに位置するガボン共和国のオクロで 1972 年，天然の原子炉が発見された。発端はフランスのピエールラット・ウラン濃縮工場でウラン同位体存在比の異常発覚による。通常天然ウランの同位対比は ^{234}U が 0.0054%，^{235}U が 0.7202%，^{238}U が 99.275%のところ，^{235}U が 0.7171%と低い比率であった。ウランの産地に原因があるのではないかとフランスヴィル・ウラン鉱山会社の経営するオクロ鉱山からウラン鉱石を取り寄せたところ，最小で^{235}Uが0.4400%とかけ離れた値であることが判明した。発見の16年前に日本の化学者，黒田和夫が天然の原子炉の存在を予言していた。約21億年ばかり前に，比較的不純物の少ない天然ウラン鉱床の中では，下記の条件が揃うとウランの連鎖反応が臨界になり得ると考えた。

1)　ウラン濃度の高い鉱床が形成されなければならないこと
2)　ウラン中の含まれる^{235}Uの濃度（同位体存在比）が高いこと
3)　中性子吸収断面積の大きい元素がウラン鉱床内に存在すること
4)　^{235}Uの核分裂を引き起こす熱中性子を作り出すための水が存在すること

当時のオクロでは，条件1）ウランが水に溶けて運ばれ，酸化還元状態の急変するところで沈殿・濃縮し，その後水が取り除かれた，条件2）^{238}Uの半減期は45億年，^{235}Uの半減期は7億年であることから，今から約21億年前は現在の^{235}U存在比0.7202%と比べ4%と軽水炉用核燃料（3－5%濃縮ウラン）並に高かった，条件3）周辺にホウ素やカドミウムがほとんど無く，中性子を吸収しやすい元素が存在しなかった，条件4）水が存在し中性子を減速，のようにこれらの条件を満たしていたと考えられた。

19.2　生体への影響

ICRPのプルトニウム代謝モデルでは，血液に移行したプルトニウムの大部分（90%）は肝臓と骨に移行し，その分配はそれぞれ45%，残留半減期は肝臓で20年，骨で50年と見積もられている［11］。プルトニウムは原子炉内で主として^{238}Uの中性子捕獲によって生成され，さらに次々に同位体が生成されるが，そのほとんどがα線核種である。5Mev程度のα線を放出することから，組織内のα線飛程は45 μm程度であり，蓄積組織近傍に大きなエネルギー付与を生じ，晩発影響（発がん）を引き起こす。

プルトニウム化合物の取り込み割合（f_1値）は吸収のタイプやその化学的性質により異なり，表19.3のように分類されている。吸入摂取の体内へ

表 19.3　プルトニウム化合物、吸収タイプに対する f_1 値 [12]

摂取	化合物	f_1 値
経口	不特定の化合物	5.0×10^{-4}
	硝酸塩	2.0×10^{-4}
	不溶性酸化物	2.0×10^{-4}
吸入	不特定の化合物	5.0×10^{-4}
	不溶性酸化物	2.0×10^{-4}

表 19.4　体内吸収速度に係るプルトニウム化合物の分類 [12]

タイプ	吸収速度	化合物
M	中位	不特定の化合物
S	遅い	不溶性酸化物

表 19.5　プルトニウム核種の実効線量係数 [12]

核種	化合物	半減期 (y)	実効線量係数	
			吸入摂取	経口摂取
^{238}Pu	不特定の化合物 不溶性酸化物 硝酸塩	87.7	3.0×10^{-5} 1.1×10^{-5} –	2.3×10^{-7} 8.8×10^{-9} 4.9×10^{-8}
^{239}Pu	不特定の化合物 不溶性酸化物 硝酸塩	2.41×10^4	3.2×10^{-5} 8.3×10^{-6} –	2.5×10^{-7} 9.0×10^{-9} 5.3×10^{-8}
^{240}Pu	不特定の化合物 不溶性酸化物 硝酸塩	6.54×10^3	3.2×10^{-5} 8.3×10^{-6} –	2.5×10^{-7} 9.0×10^{-9} 5.3×10^{-8}

の吸収速度は，通常，吸収速度の早い「タイプ F」，中位の「タイプ M」，遅い「タイプ S」の 3 つに分類されるが，プルトニウム化合物は「タイプ F」に分類されるものはなく，不溶性酸化物は「タイプ S」，その他不特定の化合物は「タイプ M」に分類される（表 19.4）。^{238}Pu，^{239}Pu, および ^{240}Pu について，それぞれの化合物タイプ別に実効線量係数を表 19.5 に示した。

^{238}Pu，^{239}Pu, および ^{240}Pu の比放射活性はそれぞれ 6.3×10^{11} Bq/g，2.3×10^9 Bq/g，8.4×10^9 Bq/g であり，^{131}I (4.60×10^{15} Bq/g)，^{137}Cs (3.21 ×

10^{12} Bq/g)，^{90}Sr（5.07 × 10^{13} Bq/g）などの主要内部被ばく核種と比較してやや低いが，α線核種であることから内部被ばくリスクは高く見積もられている。特に吸入摂取では ^{131}I，^{137}Cs，^{90}Sr よりも（表19.5）3桁程度高い実効線量係数が与えられている。以下に実際の被ばくの例を紹介する。

(1) マヤーク（Mayak）核技術施設

上述のマヤーク核技術施設は，旧ソ連時代は核兵器の生産，1987年以降は使用済み核燃料の再生や放射性核種の製造が主な業務となっている。1948年6月に最初のプルトニウム原子炉が稼動した。稼動初期は設備の整っていないバラック様の建物での作業やプルトニウムを含むエアロゾルの発生で作業場の設備の汚染に加え空気汚染が生じるなど作業環境が悪く，作業者は大きな内部被ばくを受けていた [13]。作業者の年間平均約1Svに近い被ばくであったとされる [14]。1956年以降呼吸器系防護具の導入で被ばく量は低減した。1948年から2008年までに8件の重大事故を起こしている。キシュテム事故に加え，施設周辺の湖や川への放射性廃棄物の廃棄広大な周辺環境への汚染も引き起こしている。作業者のプルトニウム酸化物吸入被ばくによる肺，骨，肝臓などのがん死が報告されている [15, 16]。またマヤーク作業者の調査研究から代謝モデルの精緻化 [13] やがんリスクの推定が行われている。外部γ線被ばくと比較してプルトニウム内部被ばくの肺がん死亡・罹患の生物学的効果比は10 － 25であった [17]。

(2) 動物実験

米国では1950年代よりビーグル犬を用いたプルトニウム吸入被ばく実験が始まり，1970年代に入り欧州でもラット，マウスによる吸入ばく露実験が行われた。我が国でも1990年以降ラット，マウス等小動物を用いてプルトニウム吸入ばく露による発がん実験が行われた（放射線医学総合研究所，現量子科学技術研究開発機構）[18]。腫瘍発生とプルトニウムの初期沈着量と吸収線量の推定につながった他，化合物の溶解度と同位体の違いによる生物影響についても明らかになった［19］。

^{239}Pu で比較すると，溶解度が最も高い硝酸塩［^{239}Pu $(NO_3)_4$］は吸入暴露後，肺にほぼ均一に分布し，速やかに血流に移行して肝臓，骨に沈着し，肺腫瘍のみならず肝臓と骨の腫瘍を誘発する。それに対し溶解度の低い酸化物［$^{239}PuO_2$］は吸入暴露後，肺に長期にわたって滞留・凝集して不均一に分布し，肝臓や骨への移行は極めて低く，肺腫瘍のみが発生する。^{238}Pu の場合は，半減期が短く，高線量率で反跳原子効果が強いため，同じ酸化物［$^{238}PuO_2$］でも自己分解の結果，血流を介して肝臓や骨に移行しやすくなり，その結果，肝臓や骨の腫瘍が発生すると考えられている。

プルトニウム酸化物の粒子径の違いによる気道内分布の違いに加え，肺腫瘍の発生の違いについても検討された。$^{239}PuO_2$ 微粒子をラットに吸入ばく露した場合，放射能中央径が小さい粒子（0.3 − 0.4 μm）の方が大きい粒子に比べて（1.5 − 3.0 μm あるいは 1.0 − 1.5 μm，肺吸収線量が 1 Gy 以上）［20,21］，より低い線量（0.7Gy）で悪性の肺腫瘍の有意な上昇が観察された［22］。

19.3　汚染評価と除染［23］

汚染の評価については汚染された箇所について分類される。大きくは体表面汚染と体内汚染である。皮膚汚染を確認するために，高速のオートラジオグラフィーがあり，2-3 分で汚染部位を硫化亜鉛のシンチレーションスクリーンやポラロイドフィルムを用いて検出できる。除染するためには，原則水洗い，さらには石鹸と洗剤によって汚染を乳化し溶解する。やわらかいブラシでこするか研磨性のせっけんを使うことにより皮膚のタンパク質によって物理的に捕捉された汚染を除去し角質層の一部を取り除くことが出来る。CaDTPA（Diethylentriamene pentaacetate Calcium Trisodium, ジトリペンタートカル）などのキレート剤を使用して汚染を皮膚から取り除くことも可能である。家庭の漂白剤はプルトニウム化合物に効果があることが知られている。その他粘着性の高いテープは効果があるが，一方で角質層を除去しがちであるので，注意しないと経皮的吸収を高めることになる。

創傷から汚染が全身の循環系や局所的なリンパ節へ転移したり吸収されると内部被ばくへつながる。プルトニウムから放出される α 線は軟部組織における到達距離が約 0.04mm であるため，表皮の基底細胞層には達しない。しかし α 核種による汚染は経皮的に吸収される可能性と娘核種による β，γ 線による被ばくの可能性があるため無視できない。体内に取り込まれたプルトニウム化合物化学形や溶解度，pH，物質の大きさなどの要因で移動する速度が決まる。プルトニウム塩化物または硝酸塩は酸性では可溶であるが生体のように弱アルカリ環境では水酸化物コロイドを生成する。プルトニウム酸化物，特に完全に酸化されたものは不溶性と考えられるが，長い間体液にさらされると一部可溶性になる。プルトニウムやアメリシウムなどの除去剤として CaDTPA，ZnDTPA（Diethylentriamene pentaacetate Zinc Trisodium, アエントリペンタート）が用いられる［24-26］。1940 年代から多数の化合物が検討され，エジレンジアミン四酢酸（EDTA）をはじめとし，EDTA よりも多価の元素と結合する化合物として開発され，現在国内で認証された化合物である。プルトニウム及びアメリシウムと DTPA の安定度定数は，CaDTPA 及び ZnDTPA の安定度より高いため，体内ではプルトニウム及びアメリシウムが DTPA と結合し，体外に排出される。プルトニウムやアメリシウム摂取事故に伴う DTPA の人体への使用経験はフランスでは 470 名，米国では 630 名に投与されている。一方，日本では 2016 年日本原子力研究開発機構でのプルトニウム内部被ばく事故での使用のみである。DTPA はウラン（VI）及びネプツニウム（V）のようなオキソ酸への安定度は低いため，近年，これらの核種についても除染可能なキレート剤が開発されている［26］。ヒドロキシピリジノン誘導体である 3,4,3-LI（1,2-HOPO）及び 5-LIO（Me-3,2-HOPO）は，プルトニウムだけでなくウランに対する体外除去効果を有する化合物であることが見いだされた。また，3,4,3-LI（1,2-HOPO）は鉄，カルシウム，亜鉛，マンガンよりもアクチニドに高い選択性があり DTPA よりも

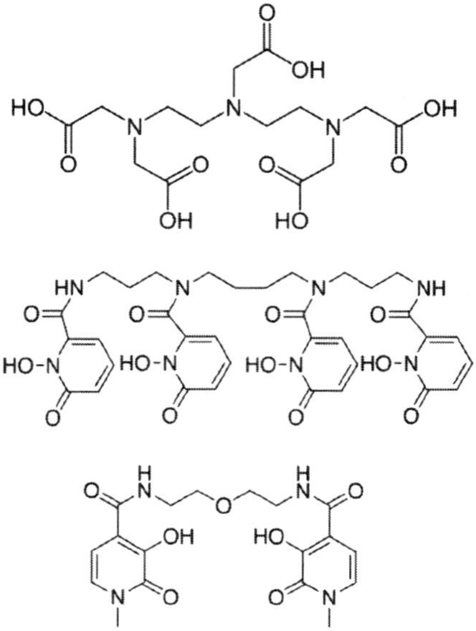

図 19.1．除染剤キレート
（上から DTPA，3,4,3-LI (1,2-HOPO)，5-LIO (Me-3,2-HOPO))

有効であることが示された（図 19.1)。

19.4　臨界事故等

臨界事故とは，濃縮ウランやプルトニウムのような核分裂性物質の扱い方を誤り，意図せずして核分裂連鎖反応が起こってしまった事象を指す。臨界事故によって放出される中性子線は発生場所の付近にいる人間にとって極めて危険であり，またこの中性子線によって発生場所周囲の物体が放射能を帯びてしまう原因となる。以下にプルトニウムによる臨界事故の事例を示す。1つ目は，第2次世界大戦中，アメリカの核兵器開発プロジェクト「マンハッタンプロジェクト」で起こったプルトニウムの臨界実験に伴う被ばく事故である。1945年にロスアラモス国立研究所において，プルトニウムの塊を用いて臨界量の実験を行っていた際，誤操作により一時的に超臨界状態になり，1名の科学者が急性放射線障害で死亡した。同様な事故が1946年にも起こり，1名の科学者が死亡した。ともに事故から1か月以内に死亡した。なお，実験に用いたプルトニウムの未臨界塊はデーモンコア（悪魔の核）と呼ばれた。2つ目は，1958年ロスアラモス国立研究所におけるプルトニウム精製作業において，有機溶剤とプルトニウムを含む水溶液を撹拌する際，本来の量のおよそ200倍のプルトニウムが含まれていることに気づかず混合したことによって起こった。作業者は39から49 Gy被ばくし35時間後に死亡した（セシル・ケリー臨界事故）。

参考文献

［1］ P. W. Krey, E. P. Hardy, C. Pachucki, F. Rourke, J. Coluzza, W. K. Benson, Proceedings of a Symposium on Transuranium Nuclides in the Environment, IAEA-SM-199-39, 671-678, 1976.

［2］ M. E. Anderson, J. F. Lemming, Selected measurement data for plutonium and uranium, MLM-3009, p. 29, Mound, Miamisburg, 1982.

［3］ Y. Muramatsu, W. Ruhm, S. Yoshida, K. Tagami, S. Uchida, E. Wirth, Environ. Sci. Technol., 34, 2913, 2000.

［4］ J. Zheng, K. tagami, Y. Watanabe, S. Uchida, T. Aono, N. Ishii, S. Yoshida, Y. Kubota, S. Fuma, S. Ihara, Sci. Report, 2, 304, 2012.

［5］ G. Yang, J. Zheng, K. Tagami, S. Uchida, Sci. Report, 5, 9636, 2015.

［6］ S. Yoshida, Y. Muramatsu, S. Yamazaki, T. Ban-nai, J. Environ. Radioact., 96, 85-93, 2007.

［7］ Y. Muramatsu, S. Uchida, K. Tagami, S. Yoshida, T. Fujikawa, J. Anal. At. Spectrom., 14, 859, 1999.

［8］ S. Yoshida, J. Plasma Fusion Res., 78, 6401-645, 2002.

［9］ （財）原子力環境整備促進・資金管理センター「自然が生み出した原子炉」2005.

［10］ 佐藤修彰，桐島　陽，渡邉雅之，「ウランの化学（I）－基礎と応用－」，東北大学出版会，(2020)

［11］ ICRP Publication 54, Pergamon Press, Oxford, 1988.

［12］ CRP Publication 78, Pergamon Press, Oxford, 1997.

［13］ R. W. Leggett, K. F. Eckerman, V. F. Khokhryakov, K. G. Suslova, M. P. Krahenbuhl, S. C. Miller, Radiat. Res. 164, 111-122, 2005.

［14］ 岩井敏他　日本原子力学会誌 61 (5), 389-391, 2019.

［15］ M. E. Sokolnikov, E. S. Gilbert, D. L. Preston, E. Ron, N. S. Shilnikova, V. V. Khokhryakov, E. K. Vasilenko, N. A. Koshumikova, Int. J. Cancer, 123, 905-911, 2008.

［16］ T. V. Azizova, C. R. Muirhead, M. B. Druzhinina, E. S. Grigoryeva, E. V. Vlasenko, M. V. Sumina, J. A. O'Hagan, W. Zhang, R. G. Haylock, N. Hunter, Radiat. Res. 174, 155-168, 2010.

[17] M. Gillies, I. Kuznetsova, M. Sokolnikov, R. Haylock, J. O'Hagan, Y. Tsareva, E. Labutina, Radiat. Res. 188, 725-740, 2017.
[18] Y. Yamada, Y. Ogiso, J. P. Morlier, K. Guillet, P. Fritsch, N. Dudoignon, G. Monchaux, J. radiat. Res. 45, 69-76, 2004.
[19] G. E. Dagle, J. F. Park, E. S. Gilbert, R. E. Weller, Radiat. Prot. Dosimetry, 26, 173-176, 1989.
[20] C. L. Sanders, K. E. Lauhala, K. E. McDonald, Int. J. Radiat. Biol., 64, 417-430, 1993.
[21] D. L. Lundgren, P. J. Haley, F. F. Hahn, J. H. Diel, W. C. Griffith, B. R. Scott, Radiat. Res. 142, 39-53, 1995.
[22] Y. Ogiso, Y. Yamada, J. Radiat. Res., 44, 261-270, 2003.
[23] NCRP report 65, management of persons accidentally contaminated with radionuclides
[24] P.W. Durbin,_Health Phys., 95 (2008) 465-492.
[25] P.W. Durbin, Actinides in animals and man. In: L.R. Morss, N.M. Edelstein, J. Fuger, eds. The chemistry of the actinide and transactinide elements. Dordrecht: Springer; 2006: 3339–3440.
[26] R. Abergel_Chelation of Actinides (Chp.6), Metal chelation in medicine, Ed. R Crichton, RJ Ward, RC Hinder_2017.

第3部

MA編

第20章　ネプツニウム

20.1　ネプツニウムの基礎［1-6］

ネプツニウム（Np）は超ウラン元素のひとつで，米国バークレー研究所のマクミラン（Edwin Mattison McMillan）とアベルソン（Philip Haue Abelson）により1940年，UO_3に中性子を照射して得た^{239}Npが最初である。

(a) 核的性質と同位体

主なネプツニウムの同位体を表20.1に示す。また，^{239}Npを親核種とするネプツニウム系列の壊変図を図20.1に示す。^{239}Npの半減期が百万年であり，地球の歴史の中では減衰し，天然には存在しない。このため，(2n+1）をもつ壊変系列はmissing chainと呼ばれていた。^{237}Npを親核種として（20-1）式のように，αおよびβ^-壊変により，$^{233}_{92}U$を生成する。$^{233}_{92}U$は2回のα壊変により^{225}Raを生成する（(20-2)，(20-3）式）。

$$^{237}_{93}Np \rightarrow {}^{233}_{91}Pa + {}^{4}_{2}He \rightarrow {}^{233}_{92}U + e^- \quad (20\text{-}1)$$

$$^{233}_{92}U \rightarrow {}^{229}_{90}Th + {}^{4}_{2}He \quad (20\text{-}2)$$

$$^{229}_{90}Th \rightarrow {}^{225}_{88}Ra + {}^{4}_{2}He \quad (20\text{-}3)$$

^{213}Biからはα壊変（(20-4）式）とβ^-壊変（(20-5）式）に分岐し，それぞれ，^{209}Tlおよび^{213}Poとなり，その後，β^-壊変およびα壊変により^{209}Pbを経て，209Biとなる。13年前までは，この^{209}Biが安定核種とみなされていたが，測定精度の向上により^{209}Biの半減期が1.19×10^{19} yと求まり［7］，(20-6）式により最終的な安定核種$^{209}_{81}Tl$でこの系列が終わることが分かった。

$$^{213}_{83}Bi \rightarrow {}^{209}_{81}Tl + {}^{4}_{2}He \quad (20\text{-}4)$$

$$^{213}_{83}Bi \rightarrow {}^{213}_{84}Po + e^- \quad (20\text{-}5)$$

$$^{209}_{83}Bi \rightarrow {}^{205}_{81}Tl + {}^{4}_{2}He \quad (20\text{-}6)$$

表20.1　ネプツニウムの同位体と性質

同位体	半減期	放射線（MeV）	生成方法
^{231}Np	48.8 m	α, 6.28	^{233}U (d, 4n)
^{233}Np	36.2 m	α, 5.54	^{233}U (d, 2n)
^{234}Np	4.4 d	γ, 1.559	^{235}U (d, 3n)
^{235}Np	396.1 d	α, 5.022	^{235}U (p, 2n)
^{236}Np	22.5 h	β (γ), 0.642	^{235}U (d, n)
^{237}Np	2.144×10^6y	α, 4.788	Np系列親核種
^{238}Np	2.117 d	β (γ), 0.984	^{237}Np (n, γ)
^{239}Np	2.3565 d	β (γ), 0.106	^{243}Am娘核種
^{240}Np	1.032 h	β (γ), 0.566	^{238}U (α, pn)
^{239}Np	13.9 m	β (γ), 0.175	^{238}U (α, p)

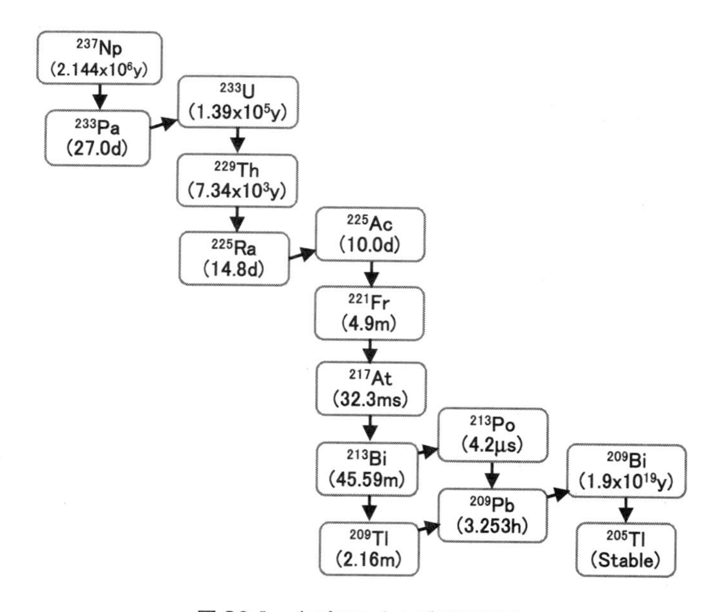

図20.1　ネプツニウム系列壊変図

表 20.2 ネプツニウム原子およびイオンの電子配置

M	原子	＋1	＋2	＋3	＋4	＋5	＋6
5f	4	4	4	4	3	2	1
6d	1	2	1	0	0	0	0
7s	2	1	0	0	0	0	0

表 20.3 ネプツニウムの BSS 免除レベル［10］

	^{237}Np～	^{240}Np	^{239}Np
放射能（Bq）	1×10^3	1×10^6	1×10^7
放射能濃度（Bq/g）	1	10	1000

このように，ネプツニウム系列では9回のα崩壊と4回のβ^-崩壊を繰り返して，最終的に安定同位体である^{205}Tlとなる。

表20.1の10核種以外に，半減期30分以下のネプツニウム核種が^{225}Np（34.6s）から^{244}Np（2.29m）まで10核種確認されている。例えば，^{226}Np（31ms）は^{209}Bi（22Ne,5n）反応により生成する。

ネプツニウム原子の電子配置についてはラドン核（$1s^22s^22p^63s^23p^63d^{10}4s^2 4p^64d^{10}5S^25p^65d^{10}4f^{14}5d^{10}6s^26p^6$）の外殻に$5f^46d^17s^2$電子が充填される。イオンとなる場合には，表20.2のように7s，6d，5fの順に外殻電子が外れて＋1から＋6多価イオンを生成する。水溶液中では，＋5および＋6価の場合は，NpO_2^+およびNpO_2^{2+}といったジオキソアニオンとなる。

(b) 法令と定義［8,9］

ネプツニウムは「原子力基本法」で定義する核燃料物質に該当せず，「原子炉等規制法」の対象外である。放射性同位元素（RI）であり，「原子力基本法」や「RI等規制法」，「同施行令」により規制される。しかしながら，ウランやプルトニウムと同様にα線放出核種であり，α廃棄物として，将来的には，核燃料と同等の処分対象となる。RI等規制法によるネプツニウムのBSS免除レベルは表20.3のように定められている。ここで^{237}Np～は全ての娘核種を含んだ場合の評価である。

(c) 資源

ネプツニウム資源については，最長半減期を持つ ^{237}Np でも100万年のオーダーであり，地球の年齢（45億年）からみると消滅している。しかし，例えば（20-7）式あるいは（20-8）式のような核反応が継続的に起こっていれば，現存することはありうる。

$$^{238}U(n,\gamma)^{239}U \rightarrow (\beta^-)^{229}Np \tag{20-7}$$

$$^{238}U(n,2n)^{237}Np \tag{20-8}$$

実際，Peppardらはベルギー領コンゴのウラン鉱床からμgオーダーの ^{239}Pu を分離し，β^-壊変による ^{239}Np の存在（Np/U ≒ 10^{-12}）を明らかにした［11,12］。実際には，原子炉内にて核反応により生成するものが大量にある資源としてみなされる。PWR用使用済燃料（濃縮度4.5%，燃焼度5,0000MWd/t）1t中のNp量は10.4節でのべたように，U:987kg，Pu:11kgに対し，0.816kgであり，Npの場合，^{237}Np 核種のみ残存している。

また，核爆発によるフォールアウトでは大量のネプツニウム（^{237}Np:2500kg）やプルトニウム（^{239}Pu:4200kg，^{240}Pu:700kg）が環境中に放出された。［13］その結果，海水中には，^{237}Np:6.5×10^{-5}mBq/L，$^{239,240}Pu$:13×10^{-3}mBq/Lがある［14］。

20.2　固体化学

(a) 金属，水素化物

ネプツニウム金属の製造方法には次のようなものがある。(1) フッ化物や酸化物の活性金属還元法（(20-9)［15］，(20-10) 式［16］)。(2) 炭化物の熱分解（(20-11) 式）［17］。(3) 塩化物溶融塩電解法（(20-12) 式）［18］。(4) ヨウ化物の高温分解法（(20-13) 式）［19］，(5) UHP電解を含むアマルガム法（(20-14) 式）［20］である。

表20.4　ネプツニウム金属の性質

	転移点 (℃)	結晶構造	格子定数（Å）		
			a	b	c
α-Np	–	斜方	6.663	4.723	4.887
β-Np	313	正方	4.897		3.388
γ-Np	600	立方	3.518		

$$2NpF_3+3Ba \rightarrow 2Np+3BaF_2 \quad (20\text{-}9)$$

$$NpO_2+2Ca \rightarrow Np+2CaO \quad (20\text{-}10)$$

$$NpC+Ta \rightarrow Np+TaC \quad (20\text{-}11)$$

$$Np^{4+}+4e^- \rightarrow Np \text{ in LiCl-KCl} \quad (20\text{-}12)$$

$$Np+2I_2 \rightarrow NpI_4 \rightarrow NP+2I_2 \quad (20\text{-}13)$$

$$Np^{3+}+3e^- \rightarrow Np(Hg) \quad (20\text{-}14)$$

ネプツニウム金属の転移と構造を表20.4に示す。Np金属は斜方晶から正方晶，立方晶と相転移する。

(b) 酸化物

ネプツニウムはウランと同様に多価原子価をとるので，種々の酸化物がある。表20.5には幾つかのネプツニウム酸化物の性質を示す。低級酸化物であるNpOは金属表面の酸化により生成する。Np_2O_3はNpO_2を高真空（10-8atm)，2400℃にて熱分解により得る。Npイオンを含む溶液に水酸イオンや過酸化イオンを添加すると，水酸化物や過酸化物の沈殿得る。$Np(OH)_4$を300℃あるいは800℃で熱分解させて，Np_3O_8とNpO_2を得る。

$$Np^{4+}+4OH^-+nH_2O \rightarrow Np(OH)_4 \cdot nH_2O \quad (20\text{-}15)$$

$$Np^{4+}+2O_2^{2-}+2H_2O \rightarrow NpO_4 \cdot 2H_2O \quad (20\text{-}16)$$

表 20.5　ネプツニウム酸化物の性質

酸化物	色	結晶構造	酸化物	色	結晶構造
NpO		NaCl	Np_2O_5	黒	単斜
Np_2O_3		六方晶	Np_3O_8	チョコレート	斜方
NpO_2	カーキ	面心立方	$NpO_4 \cdot 2H_2O$	灰紫	立方

(c) ハロゲン化物

ネプツニウムのハロゲン化物は，金属あるいは酸化物と含ハロゲン化合物との反応により得る。NpO_2 と HF との反応で NpF_4 が得られ，H_2 共存による還元フッ化により NpF_3 を得る。F_2 による酸化フッ化により NpF_6 を得，Ⅳ価とⅥ価より NpF_5 を得る。AlX_3 ガスを用いると，アルミナ生成により脱酸を行い，塩化物や臭化物を合成できる。

$$NpO_2 + 3HF + 1/2H_2 \rightarrow NpF_3 + 2H_2O \quad (20\text{-}17)$$

$$NpO_2 + 4HF \rightarrow NpF_4 + 2H_2O \quad (20\text{-}18)$$

$$NpF_4 + F_2 \rightarrow NpF_6 \quad (20\text{-}19)$$

$$NpF_4 + NpF_6 \rightarrow 2NpF_5 \quad (20\text{-}20)$$

$$3NpO_2 + 2AlX_3 \rightarrow 3NpX_4 + Al_2O_3\ (X = Br, I) \quad (20\text{-}21)$$

表20.6にはネプツニウムハロゲン化物の種類を示す。ネプツニウムはウランと同様に多価原子価をとる。また，イオン半径の小さいフッ素とは，原子価に対応して種々のフッ化物を生成するが，大きな臭素やヨウ素になると，低級ハロゲン化物に限定される。

オキシハロゲン化物はハロゲン化物の酸化や酸化物のハロゲン化により得られる。NpF_6 は段階的な加水分解により O/F 比が高まる。表 20.7 には酸素を含むオキシハロゲン化物を示す。

Ⅴ価やⅥ価になると，$NpOBr_3$ と NpO_2Br や $NpOF_4$ と NpO_2F_2 のように酸素数，フッ素数が異なるものもある。

表 20.6　ネプツニウムのハロゲン化物の種類

	n	F	Cl	Br	I
NpXn	3	NpF_3（紫色）	$NpCl_3$（緑色）	$NpBr_3$（緑色）	NpI_3（茶色）
	4	NpF_4（緑色）	$NpCl_4$（赤橙色）	$NpBr_4$（暗赤色）	
	5	NpF_5（青白色）			
	6	NpF_6（橙色）			

表 20.7　ネプツニウムのオキシハロゲン化物の種類

	n	m/n	F	Cl	Br	I
NpO_mX_n	1	1				NpOI（?）
	3	0.33	$NpOF_3$（緑色）		$NpOBr_3$（黄緑色）	
	2	0.5		$NpOCl_2$（暗緑色）		
	1	2			NpO_2Br（白色）	
	2	1	NpO_2F_2（ピンク）		$NpOBr_2$（橙色）	
	4	0.25	$NpOF_4$（茶色）			

$$NpF_5 + H_2O \rightarrow NpOF_3 + 2HF \tag{20-22}$$

$$NpF_6 + H_2O \rightarrow NpOF_4 + 2HF \tag{20-23}$$

$$NpOF_4 + H_2O \rightarrow NpO_2F_2 + 2HF \tag{20-24}$$

$$NpO_2 + 2HF \rightarrow NpOF_2 + H_2O \tag{20-25}$$

Np-F-O 系の化合物の状態を理解するために化学ポテンシャル図が有効である。図 20.2 には熱力学計算ソフト HSC Chemistry［21］を用いて作成した Np-F_2-O_2 系の化学ポテンシャル図を示す。固相のデータで表わすために 100℃にて計算した。横軸および縦軸はそれぞれ，フッ素および酸素ポテンシャルを示す。フッ素（$\log P(F_2)$）および酸素（$\log P(O_2)$）ポテンシャルが極めて低い場合には金属 Np が安定であり，金属領域の右側に NpF_3 および上側に NpO_2 が存在する。フッ化物の場合，$\log P(F_2)$ の増加とともに NpF_3，UF_4，UF_5，UF_6 を生成する。一方酸化物については，$\log P(O_2)$ の増加とともに NpO_2 が酸化されて Np_2O_5 が存在する。フッ素および酸素を含む化合物として，VI価のオキシフッ化物（Oxysulfide）と

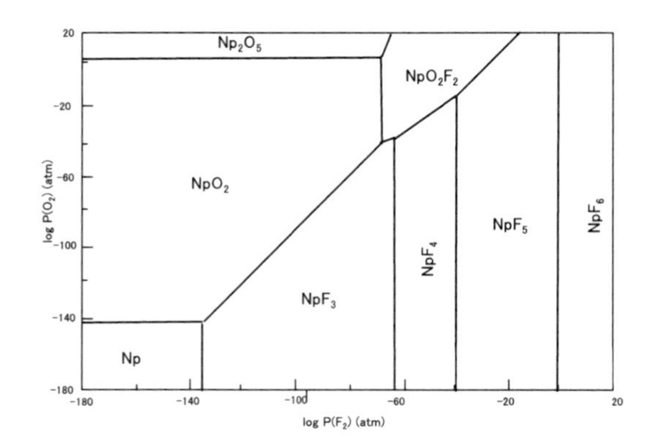

図20.2　Np-F_2-O_2の化学ポテンシャル図（100℃）［21］

してNpO_2F_2（フッ化ネプツニル）が存在する。Ⅳ価の$NpOF_2$もあるうるが，熱力学データが不備で，同図には現れない。

さらに，Np-Cl_2-O_2系について検討するために，熱力学計算ソフトHSC Chemistry［21］を用いて作成した100℃における化学ポテンシャル図を図20.3に示す。固相のデータで表わすために100℃にて計算した。横軸および縦軸はそれぞれ，塩素ポテンシャル（logP(Cl_2)）および酸素ポテンシャル（logP(O_2)）を示す。logP(Cl_2)およびlogP(O_2)が極めて低い場合には金属Uが安定であり，金属領域の右側に$NpCl_3$および上側にNpO_2が存在する。塩化物の場合，logP(Cl_2)の増加とともに$NpCl_3$，$NpCl_4$，$NpCl_5$を生成するが，$NpCl_6$は生成しない。一方酸化物については，logP(O_2)の増加とともにNpO_2が酸化されてNp_2O_5が存在する。フッ素および酸素を含む化合物として，Ⅳ価のオキシ塩化物（Oxysulfide）$NpOCl_2$（フッ化ネプツニル）が極めて微小領域として存在する。一方，Np(VI)は取りにくく，NpO_2Cl_2は図中に現れない。

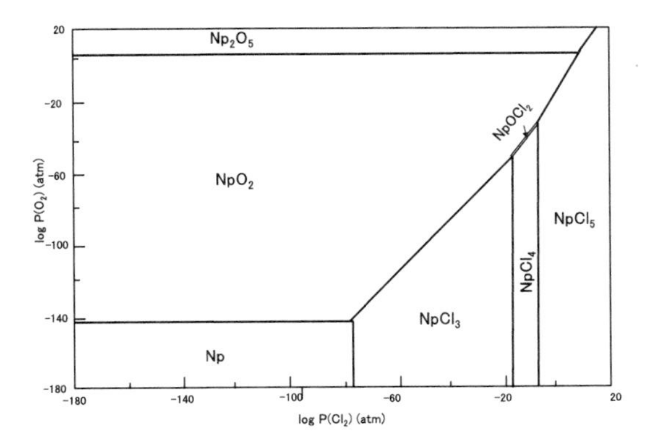

図20.3　Np-Cl2-O2の化学ポテンシャル図（100℃）[21]

(d) 13,14族元素化合物

ネプツニウム炭化物には，NpC，Np_2C_3およびNpC_2がある。酸化物を黒鉛るつぼ中，高温反応により炭化物を生成する。また，水素化物との炭素との反応により低級炭化物を得る。

$$NpO_2 + 4C \rightarrow NpC_2 + 2CO\ (\sim 2800^\circ C) \quad (20\text{-}26)$$

$$NpH_3 + (1+x)C \rightarrow NpC + xCH_3/x \quad (25\text{-}27)$$

ネプツニウム窒化物は以下の反応により合成する。

$$NpH_3 + N_2 \rightarrow NpN + NH_3\ (300-350^\circ C) \quad (20\text{-}28)$$

$$NpO_2 + C + N_2 \rightarrow NpN + CO\ (1550^\circ C) \quad (20\text{-}29)$$

他の14族化合物には表20.8のようなものがある。窒化物，リン化物，ヒ化物およびアンチモン化物である。

表20.8　ネプツニウムニクタイドの種類

	n	X			
		N	P	As	Sb
NpX_n	1	NpN	NpP	NpAs	NpSb
	1.33		Np_3P_4	Np_3As_4	Np_3Sb_4
	2			$NpAs_2$	

表20.9　ネプツニウムカルコゲン化合物の種類

	n	X		
		S	Se	Te
NpX_n	1	NpS	NpSe	NpTe
	1.33	Np_3S_4	Np_3Se_4	Np_3Te_4
	1.5	Np_2S_3	Np_2Se_3	Np_2Te_3
	1.67	Np_3S_5	Np_3Se_5	$NpTe_{2-x}$
	2.5	Np_2S_5		
	3	NpS_3	$NpSe_3$	$NpTe_3$

(e) カルコゲン化物

カルコゲン化物は，所定比のNp金属とカルコゲンとの真空封管反応で得る。また，酸化物とCS_2との反応では，オキシ硫化物を経由してNpS_2を得る。

$$Np + nX \rightarrow NpX_n \ (X = S, Se, Te) \tag{20-30}$$

$$NpO_2 + CS_2 \rightarrow NpOS + COS \tag{20-31}$$

$$NpOS + CS_2 \rightarrow NpS_2 + COS \tag{20-32}$$

表20.9にネプツニウムカルコゲン化物を示す。Np/S比が1～3まで，幾つかの組成をもつ硫化物やセレン化物，テルル化物がある。

また，カルコゲン化合物は同族元素である酸素が共存して，表20.10に示すように複数のオキシカルコゲン化物がある。

表20.10　ネプツニウムオキシカルコゲン化合物の種類

	n	m/n	X		
			S	Se	Te
NpO_mX_n	0.5	2	Np_2O2_S	Np_2O_2Se	Np_2O_2Te
	1	1	NpOS	NpOSe	
	3	1.33	$Np_4O_4S_3$		

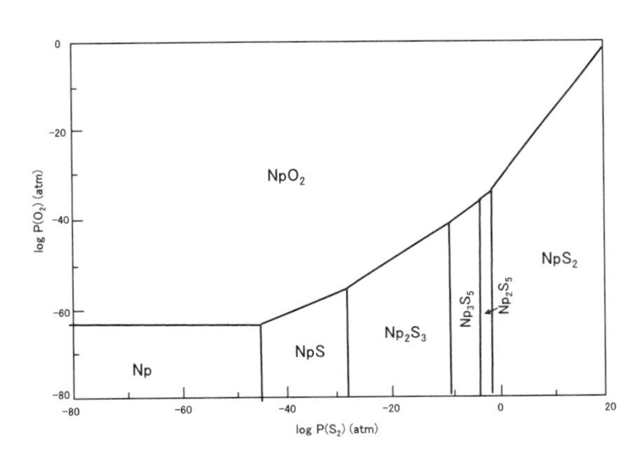

図20.4　Np-S_2-O_2系化学ポテンシャル図（500℃）[21]

$$Np_2S_3 + O_2 \rightarrow Np_2O_2S + S_2 \quad (20\text{-}33)$$

図20.4には熱力学計算ソフトHSC Chemistryにより作成した500℃におけるNp-S_2-O_2系化学ポテンシャル図を示す [21]。酸化物は，NpO_2のみが存在するが，硫化物ではlogP(S_2) の増加とともにNpS，Np_2S_3，Np_3S_5，Np_2S_5，NpS_2の領域が現れる。NpO_2とNpS_2の境界にはオキシ硫化物 (NpOS) や硫酸塩が存在すると思われるが，熱力データが不備のため現れていない。

(f) 水酸化物

ネプツニウム水酸化物には$Np(OH)_4$がある。硝酸溶液中にアルカリを

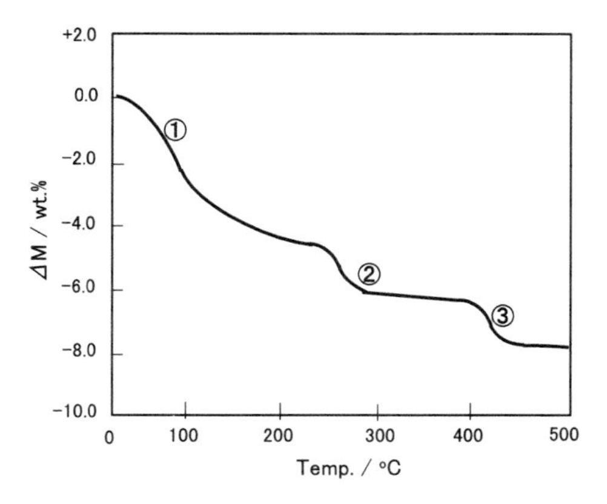

図20.5　ネプツニウム水酸化物のTG結果

加えると，水和した水酸化物の沈殿を得る。この試料を真空乾燥後，TG測定した結果を図20.5に示す。温度上昇とともに，3段階の重量減少曲線を得る。①は脱水過程，②はオキシ水酸化物への分解，③はNpO_2生成に相当する。

$$Np(OH)_4 \cdot nH_2O \rightarrow Np(OH)_4 + nH_2O \qquad (20\text{-}34)$$

$$Np(OH)_4 \rightarrow NpO(OH)_2 + H_2O \qquad (20\text{-}35)$$

$$NpO(OH)_2 \rightarrow NpO_2 + H_2O \qquad (20\text{-}36)$$

20.3　溶液化学

(a) ネプツニウムイオンの酸化状態

ネプツニウムは水溶液内で＋3から＋6の幅広い酸化数を取ることができ，その基本イオンは$Np(III)^{3+}$，$Np(IV)^{4+}$，$Np(V)O_2^{+}$，$Np(VI)O_2^{2+}$となる。極めて高い塩基性溶液中でのみ，酸化数＋7のイオン$Np(VII)O_6^{5-}$を存在させることができると報告されている。図20.6に平衡計算ソフトMEDUSA（Royal Institute of Technology in Stockholm）を用いて作図した水溶液中のネプツニウムのpH-Ehダイアグラムを示す。

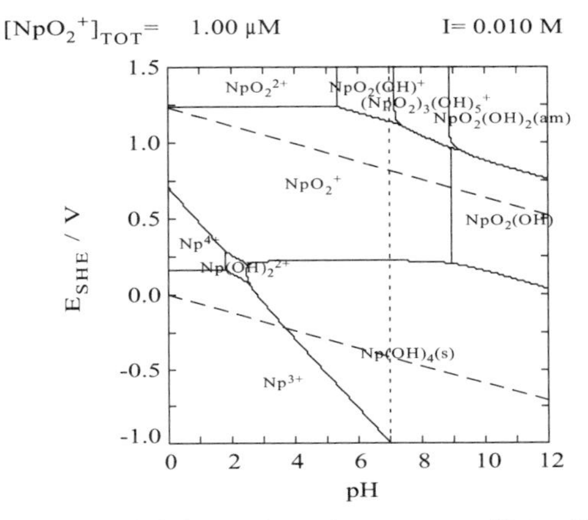

図 20.6　水溶液中のネプツニウムの pH-Eh ダイアグラム
（図中の点線が H_2O の酸化分解および還元分解の電位を表す）

図中の2本の点線に挟まれた水分子の溶媒としての安定領域では，Np(Ⅴ)O_2^+ が最も安定領域が広く，還元状態では Np(Ⅲ)$^{3+}$ や Np(Ⅳ)$^{4+}$ が安定となる事が分かる。酸性溶液中で最安定な Np(Ⅴ)O_2^+ をⅢ価やⅣ価へ還元するには，強い還元剤を使う方法や水素ガスと白金黒触媒を併用する方法などがある。後者の方法で調整した Np(Ⅲ)$^{3+}$ 溶液の写真を図 20.7(a) に，これに空気を吹き込み酸化させ Np(Ⅳ)$^{4+}$ とした溶液の写真を図 20.7(b) に示した。Np(Ⅲ) 溶液が紫色を呈するのに対し，Np(Ⅳ) 溶液は黄緑色を呈している事が分かる。一方，＋6の酸化数を取る Np(Ⅵ)O_2^{2+} の熱力学的な安定領域は図 20.6 に示したように，溶媒としての H_2O の安定領域の外側である。しかしながら，Np(Ⅴ) の塩を発煙過塩素酸など強力な酸化力のある酸と共に蒸発乾固すればⅥ価に酸化することができ，これを溶解した溶液中にやや赤みを呈する Np(Ⅵ) が比較的安定に存在することが知られている。この方法で調製した Np(Ⅵ) 溶液の写真を図 20.8 に示す。この図には比較として青緑色を呈する Np(Ⅴ) 溶液の写真も示した。（口絵1参照）

図 20.6 に示したように，水溶液中の Np の酸化状態はⅢ価からⅥ価まで

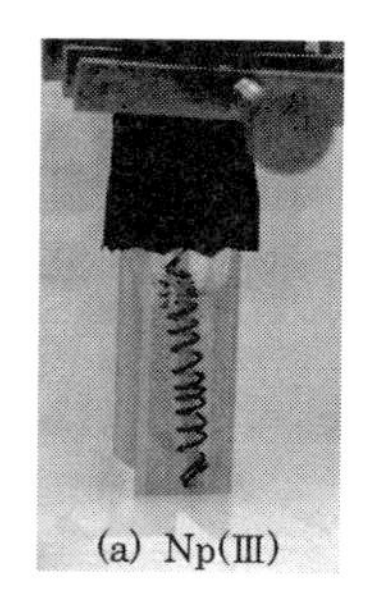

図 20.7　水素バブリング法で調製した Np(Ⅲ) $^{3+}$ および Np(Ⅳ) $^{4+}$ 溶液の写真
（口絵 1 参照）

図 20.8　Np(Ⅴ)O_2^+ 溶液および発煙過塩素酸法で調製した Np(Ⅵ)O_2^{2+} 溶液の写真
（口絵 1 参照）

幅広く変化し，これに伴い基本イオン形も単純な陽イオンからジオキソイオンに変化する。基本イオン形の変化は化学反応性を大きく変えることから，Np の溶液化学研究を実施するには，図 20.9 で示したような手順を取る必要がある。ここでは始めに，Np の全元素濃度を放射線計測や ICP-MS 等により決定する。半減期が 2.2 日程度の ^{239}Np といったトレーサー核種を用いる場合，化学濃度が 10^{-12} mol/L 以下となる場合もあるため，放射線計測での定量が行われる。一方，半減期が 214 万年と極めて長い ^{237}Np を用いる場合は α 線計測，ICP-MS，または吸光光度法等で全元素濃度を決定できる。次に Np の酸化状態の分布を決定するレドックス・スペシエーションを行う必要がある。様々な条件で Np(Ⅲ)，Np(Ⅳ)，Np(Ⅴ)

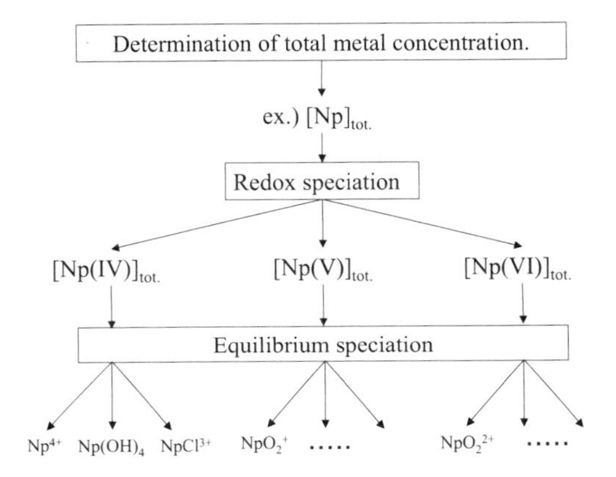

図 20.9　溶液中の Np のスペシエーションの手順

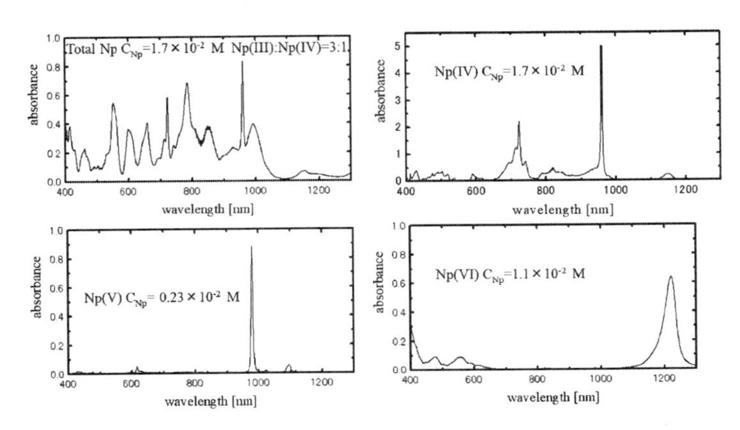

図 20.10　各原子価の Np の過塩素酸溶液の UV-Vis-NIR 吸光スペクトル
（Np（Ⅲ）のスペクトルには一部 Np（Ⅳ）のスペクトルが重なっている）

は溶液内で共存することが有るため，それぞれの原子価のNpの濃度を決めることは重要である。従来から，マクロ濃度のNp溶液に対してはUV-Vis-NIR吸光スペクトルを測定し，これを解析することでNpの原子価分布を求めてきた。図20.10に各原子価のNpの過塩素酸溶液のUV-Vis-NIR吸光スペクトルを示す。Ⅲ価，Ⅳ価およびⅤ価の吸収スペクトルにはNpの5f電子の遷移（5f-5f遷移）に起因する非常に鋭敏な吸光ピークが観察されている。近年はXAFS（X線吸収微細構造）スペクトルを測定し，ここから原子価分布を決定することも行われている。一方，試料中のNp濃度がトレーサー濃度の場合は分光法による直接観察は不可能であるため，TTA（テノイルトリフルオロアセトン）などを抽出試薬として用いた溶媒抽出法，含侵吸着剤による吸着法またはリン酸ビスマス共沈法など，各原子価のNpの液－液，固－液間の二相分配挙動の違いを利用した原子価検定法が用いられてきた［1, 22］。原子価分布が決定された後に，それぞれの酸化状態のNpの錯生成や加水分解といった酸・塩基反応の進行の程度を決定する平衡化学種スペシエーションが行われる。

以上述べたように，全ての同位体が放射性核種であり，かつ幅広い酸化状態を取りうるNpの溶液化学研究を実施するに際しては，酸化還元反応および酸塩基反応への見識に加え，基本的な放射化学実験の経験も求められる。

(b) ネプツニウムイオンの錯生成反応

水溶液中のネプツニウムイオンの錯生成反応は他の軽アクチノイドであるウランやプルトニウムと同様に，酸化状態によって反応性が大きく異なる。水酸化物イオンとの錯生成反応である加水分解反応をはじめ，ハロゲン化物イオンや炭酸イオン，単純な有機酸といった一般的なイオン結合性の強い錯生成の場合は，$Np(IV)^{4+}$が最も反応性が強く，次の酸化状態の順に錯生成の反応性が変化する。

$$Np(IV)^{4+} > Np(VI)O_2^{2+} \geq Np(III)^{3+} > Np(V)O_2^{+}$$

形式電荷＋2の$Np(VI)O_2^{2+}$が$Np(III)^{3+}$よりも反応性が高い理由として，ジオキソイオンの赤道面近傍では2つの対称な酸素イオンによる中心金属の正電荷の中和作用が弱いため，水酸化物イオンのような単純なアニオンが赤道面で強く相互作用するためと考えられている。多座配位をする配位子の場合は立体障害によりこの関係は逆転する場合がある。

最も反応性の強い$Np(IV)^{4+}$の加水分解は他の4価アクチノイド同様大変強く，図20.6に示したようにpH＝2で既に加水分解が始まっており，pH＝3以上では加水分解沈殿$Np(OH)_4$が支配的化学種となっている。このため$Np(IV)^{4+}$との錯生成定数の報告は酸性領域で実験が可能なF^-やSO_4^{2-}といった強酸性配位子についてが中心となっている。

$$Np^{4+} + F^- \leftrightarrow NpF^{3+} : \log\beta = 4.60\ (1\,M\ HClO_4) \quad (20\text{-}37)[23]$$

$$Np^{4+} + SO_4^{2-} \leftrightarrow NpSO_4^{2+} : \log\beta = 2.49\ (2\,M\ HClO_4) \quad (20\text{-}38)[24]$$

一方，形式電荷＋1の$Np(V)O_2^+$の加水分解反応は比較的弱く，図20.6に示したようにpH＞9で第一加水分解種$NpO_2(OH)$が支配的となる。このため，F^-といった強酸性配位子に加えシュウ酸やグリコール酸といった弱酸性の有機酸配位子についても多くの錯生成定数が報告されている。いずれの錯生成定数とも比較的小さい値となっており，弱い錯生成であることが分かる。これは形式電荷＋1という弱い正電荷に加え，ジオキソイオン構造により配位子の配位できる空間が赤道面に限定されている事も原因の一つと考えられている。このため，シュウ酸のように赤道面で二座配位できる配位子の場合は比較的強い錯体を形成する。

$$NpO_2^+ + F^- \leftrightarrow NpO_2F : \log\beta = 1.26 (1\,M\ NaClO_4) \quad (20\text{-}39)[25]$$

$$NpO_2^+ + \text{シュウ酸}(COO^-)_2 \leftrightarrow NpO_2(COO)_2^- : \log\beta = 3.71 (1\,M\ NaClO_4) \quad (20\text{-}40)[26]$$

$$NpO_2^+ + \text{グリコール酸}CH_2(OH)COO^- \leftrightarrow NpO_2CH_2(OH)COO : \log\beta = 1.31\ (1\,M\ NaClO_4) \quad (20\text{-}41)[26]$$

最後に，高酸化状態である形式電荷＋2のNp(VI)O_2^{2+}はU(VI)やPu(VI)に比べて不安定で，大気雰囲気下の水溶液では経過時間とともにNp(V)に還元されるため，加水分解反応や錯生成の研究は少ない。Katoらは Np(VI)と炭酸イオンの錯生成定数を決定するために，図20.8で示したような発煙過塩素酸法で調製したNp(VI)O_2^{2+}をCO_2ガスとO_2ガスを共存させた容器に入れ実験を行った［27］。ここでは，Np(VI)の自発的なV価への還元を防ぐためにオゾンガス（O_3）が酸化剤として実験期間にわたり間欠的に供給された。報告されている第一錯生成定数は以下のとおりである。

$$NpO_2^{2+} + CO_3^{2-} \leftrightarrow NpO_2CO_3 :$$
$$\log\beta = 9.02\ (0.1\,\mathrm{M\ NaClO_4}) \qquad (20\text{-}42)[27]$$

この値は報告されているU(VI)O_2^{2+}と炭酸イオンの第一錯生成定数$\log\beta = 9.68$［28］より若干小さな値となっている。その他Np(VI)について報告されている加水分解定数や錯生成定数は同じジオキソイオン構造と形式電荷を取るU(VI)O_2^{2+}と近い値であり，錯生成挙動は類似であると考えられている。

参考文献

［1］ L. R. Morss, N. M. Edelstein, J. Fuger eds, "The Chemistry of the Actinide and Transactinide Elements", 3rd edition, Vol.2, Chap.6, Springer, (2006).

［2］ H. M. Leicester, "Discovery of the Elements", 7th Ed.,（大沼正則監訳），朝倉書店，第12章，第19章，（1989）

［3］ 工藤和彦，田中　知編，「原子力・量子・核融合事典」第V分冊，丸善出版，（2017）

［4］ 佐藤修彰，桐島　陽，渡邉雅之，「ウランの化学（I）－基礎と応用－」，東北大学出版会，（2020）

［5］ 原子核チャート，JAEA，（2014）

［6］ 量子機構NORMデータベース，
https://www.nirs.qst.go.jp/db/anzendb/NORMDB/1_datasyousai.php

［7］ P. Marcillac; N. Coron, G. Dambier, J. Leblanc, J.-P. Moalic . "Particles from the radioactive decay of natural bismuth". Nature 422 (6934), 876, (2008), － :10.1038/nature01541

［8］ 「放射性同位元素等の規制に関する法律」2019年原子力規制関係法令集，大成出

版社，(2019)
[9] 「核燃料物質・核原料物質の使用に関する規制」，原子力規制庁，(2013)
[10] 柴田徳思編，「放射線概論」，通商産業研究者，(1019)
[11] D.F. Peppard, M. H. Studier, M.V. Gergel, G. W. Mason, J. C. Sullivan, J. F. Mech, J. Am. Chem. Soc., 73, (1951), 2529-31
[12] D.F. Peppard, G. W. Mason, P. R. Gray, J. F. Mech, J. Am. Chem. Soc., 74, (1952), 6081-7
[13] D. W. Efurd, G. W.Knobeloch, R. e. Perrin, D. W. Barr, Health Phys., 47, (1984), 876-7
[14] E. Holm, A. Aarkrog, S. ballestra, J. Radioanal. Nucl. Chem., Art. 115, (1987), 5-11
[15] L. B. Magnusson, T. J. LaChapelle, J. Am. Chem. Soc., 70, (1948), 3534-3538
[16] L. N. Squires, P. Lessing, J. Nucl. Mat., 471, (2016), 65-68
[17] R. G. Haire, J. Less Common Metals, 121, (1986), 379-398
[18] Y. Sakamura, T. Hijikata, K. Kinoshita, T.Inoue, T. S. Storvick, C. L. Krueger, L. F. Grantham, S. P. Fusselman, D. L. grimmett, J. J. Roy, J. Nucl. Sci.Tech., 35, (1998), 49-59
[19] J. C. Spirlet, J. Nucl. Mater., 166, (1989), 41-47
[20] K.Hasegawa, Y.Shiokawa, M. Akabori, Y. Suzuki, K. Suzuki, J. Alloys Compds., 271-273, (1998), 680-684
[21] HSC Chemistry v.10, (2020)
[22] A. Kirishima, O. Tochiyama, K. Tanaka, Y. Niibori and T. Mitsugashira, Redox speciation method for neptunium in a wide range of concentrations, Radiochim. Acta, 91, 191-196 (2003).
[23] G. R. Choppin, P. J. Unrein, in Transuranium Elements 1975 (eds. W. Muller and R. Lindner), North-Holland, Amsterdam, pp. 97-107.
[24] S. K. Patil and V. V. Ramakrishna, Radiochim. Acta 19, 27-30 (1973).
[25] G. R. Choppin, L. Rao, Radiochim. Acta 37, 143-146 (1984).
[26] O. Tochiyama, Y. Inoue, S. Narita, Radiochim. Acta 58/59, 129-136 (1992).
[27] Y. Kato, T. Kimura, Z. Yoshida and N. Nitani, Carbonate Complexation of Neptunyl (VI) Ion, Radiochim. Acta 82, 63-68 (1998).
[28] L. R. Morss, N. M. Edelstein, J. Fuger eds, "The Chemistry of the Actinide and Transactinide Elements", 3rd edition, Vol.1, Chap.5, Springer, (2006).

第21章　アメリシウムとキュリウム

21.1　アメリシウムおよびキュリウムの基礎［1-6］

(a) 歴史

アメリシム（Am）キュリウム（Cm）は1944年にシーボルグ（Gllen T. Seaborg）らによりシカゴ大冶金研究所の黒鉛原子炉にて中性子照射した燃料から分離・発見された。生成反応を（21-1）式に示す。

$$^{239}\mathrm{Pu}(\mathrm{n},\gamma)^{240}\mathrm{Pu}(\mathrm{n},\gamma)^{241}\mathrm{Pu} \rightarrow (\beta^-)^{241}\mathrm{Am} \qquad (21\text{-}1)$$

一方，シーボルグらは，同年，サイクロトロンにて ^{239}Pu へのリウムイオン照射によりキュリウム（Cm）を生成・発見した。アメリシムおよびキュリウムの名称はそれぞれ，発見した国アメリカ，放射化学研究者キュリー一家に因む。

$$^{239}\mathrm{Pu}(\alpha,\mathrm{n})^{242}\mathrm{Cm} \qquad (21\text{-}2)$$

(b) 核的性質と同位体

主なアメリシウムの同位体を表21.1に示す。長半減期核種は，^{241}Pu の娘核種である ^{241}Am と中性子捕獲により生成される ^{243}Am の2核種で，それ以外は時間単位の半減期をもつ短寿命核種である。^{243}Am の生成は（21-3）式による。

$$^{242}\mathrm{Pu}(\mathrm{n},\gamma)^{243}\mathrm{Pu} \rightarrow (\beta^-)^{243}\mathrm{Am} \qquad (21\text{-}3)$$

この表以外に7つの核種が知られているが，いずれも分オーダーの半減期を持つ短寿命核種である。

主なキュリウムの同位体を表21.2に示す。^{243}Cm および ^{244}Cm は年オーダーの半減期を持つが，^{245}Cm および ^{246}Cm は数千年，さらに ^{247}Cm は千

表21.1　主なアメリシウムの同位体

同位体	半減期	放射線（MeV）	生成方法
^{237}Am	1.22h	α, 6.042	^{237}Np(α, 4n)
^{238}Am	1.63h	α, 5.94	^{237}Np(α, 3n)
^{239}Am	11.9h	α, 5.776	^{237}Np(α, 2n)
^{240}Am	50.8h	α, 5.378	^{237}Np(α, n)
^{241}Am	432.7y	α, 5.486	^{241}Pu 娘核種
^{242}Am	16.01h	β^-, 0.667	^{241}Am(n, γ)
^{242m}Am	141y	α, 5.207	^{241}Am(n, γ)
^{243}Am	7380y	α, 5.277	中性子捕獲
^{244}Am	10.1h	β^-, 0.387	^{243}Am(n, γ)
^{245}Am	2.05h	β^-, 0.895	^{245}Pu 娘核種

表21.2　主なキュリウムの同位体

同位体	半減期	放射線（MeV）	生成方法
^{238}Cm	2.3h	α, 6.52	^{239}Pu(α, 5n)
^{239}Cm	2.9h	γ, 0.188	^{239}Pu(α, 4n)
^{240}Cm	27d	α, 6.291	^{239}Pu(α, 3n)
^{241}Cm	32.8d	α, 5.939	^{239}Pu(α, 2n)
^{242}Cm	162.8d	α, 6.113	^{239}Pu(α, n)
^{243}Cm	29.1y	α, 5.785	^{242}Cm(n, γ)
^{244}Cm	18.10y	α, 5.805	中性子捕獲
^{245}Cm	8.5×10^3y	α, 5.362	中性子捕獲
^{246}Cm	4.76×10^3y	α, 5.386	中性子捕獲
^{247}Cm	1.56×10^7y	α, 5.266	中性子捕獲

万年の半減期をもつ長半減期核種である。$^{244\sim247}$Cmは，原子炉内にて中性子捕獲により生成される。このようにCmの生成反応は^{239}Puのα線との核反応やCm核種の中性子捕獲反応であり，原子炉内にて生成される。

(c) 資源

原子炉内にて核反応により生成するものが資源となる。PWR用使済燃料（濃縮度4.5%，燃焼度50,000MWd/t）1t中のAmおよびCm量を表

表 21.3　使用済燃料中の Am および Cm 量

元　素	生成量（kg/t）	同位体	生成量（g/t）
Am	0.621	^{241}Am	431
		^{243}Am	190
Cm	0.0667	^{243}Cm	0.78
		^{244}Cm	61.9
		^{245}Cm	3.50
		^{246}Cm	0.52

21.3に示す。核燃料成分については10.4節で述べたように，使用済燃料中にU:987kg，Pu:11kgあり，またMAとして^{237}Npが0.816kgある。これらに比べると，AmやCmの生成量は少ないが，資源量としては十分に存在する。

21.2　固体化学［1-6］

(a)　金属

Pu含有試料の中性子照射によりAmおよびCmを生成後，図21.1に示すような湿式法により分離精製を行う。まず，照射したAl-Pu合金を酸溶解し，TBPを用いた溶媒抽出によりPuを分離回収する。次に，2段目のTBP溶媒抽出によりAmおよびCmを共抽出し，AlおよびFP成分と分離する。その後アミンを用いてAmおよびCmを相互分離し，それぞれの酸化物を得る。実験手順については21.3節を参照されたい。

次に，アメリシム金属の製造法には表21.4のようなものがある。活性金属還元法が主であり，近年熱分解法が提案されているが，いずれも，高温真空蒸留により精製したAm金属を得る。例として，AmO_2をタンタル坩堝中でLa金属還元後，蒸留すると高純度（> 99.9%）Am金属を得る。［7］

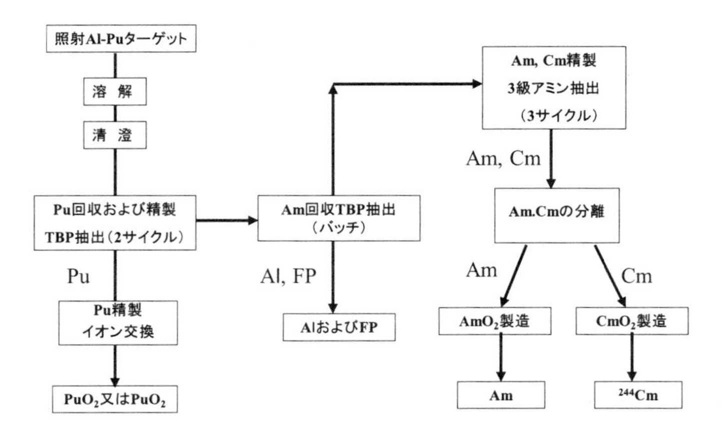

図21.1　Pu照射試料からのAmおおびCm分離回収方法

表21.4 アメリシウム金属製造法

	方法	反応式
(1)	AmF_3の活性金属還元	$2AmF_3 + 2Ba \rightarrow 2Am + 3BaF_2$
(2)	AmO_2の活性金属還元	$3AmO_2 + 2La \rightarrow Am + 3La2O_3$
(3)	AmF_4のCa爆発還元	$AmF_4 + 2Ca \rightarrow Am + 2CaF_2$
(4)	金属間化合物の熱分解	$Pt_5Am \rightarrow Am + 5Pt$

(b) 酸化物および窒化物，ホウ化物

マクロな元素量を必要とするアメリシウムやキュリウムの高温固体化学研究はあまり日本国では進展していない。アメリシウムは，精製してから長期間経過したプルトニウム中に多く含まれるので，そこから抽出して研究用に用いると都合がよい。しかし，精製してから長期間経過したプルトニウム硝酸塩などを入手するのは困難である。そのようなプルトニウム硝酸塩が入手可能であったとしても，それが研究用プルトニウムの場合には，多量のアメリシウムの取得はあまり期待できない。ウランの照射状況により得られるプルトニウムの核種組成は様々であり，それとプルトニウム精製後の経過時間によりアメリシウムの含有量は変わってくるものの，16章の16.2物質管理（臨界管理），試料調製，精製で記述したように，研

究用プルトニウム中のアメリシウム含有量は，通常0.1%程度とかなり小さいからである。

原子炉プルトニウムなどの長期間照射したウラン燃料からアメリシウムを取り出すのも，ひとつの手段であるが，核分裂生成物（FP）元素が含まれていて被曝線量が高い使用済燃料を硝酸溶液で溶解して，プルトニウムを抽出・回収した溶液から，さらにアメリシウムを抽出して得る必要がある。例えば，高純度な^{241}Amを得るために，Puの3mol%だけ不純物として^{241}Amが含まれ得ているプルトニウムから^{241}Am 1gを得るためには，約33.3gのプルトニウムが含まれる硝酸溶液から^{241}Amを抽出する必要がある。グローブボックス内で，分液漏斗などの溶液化学的手法で抽出作業を行うことは不可能ではないが，作業時間が多くて，またプルトニウムやアメリシウムからのγ線被曝が大きいために，作業員の手（皮膚）の被曝が有意に大きくなってしまうという問題がある。検討されていたことはあるものの [8]，^{241}Amの精製を専門とするようなミキサーセトラなどの設備は日本国内に現在ない。外国ではアメリシウム分離法が検討されて数kgのアメリシウムが回収されている [9]。そのために，アメリシウムの固体化学研究を実施するためには，^{243}Amを外国（ロシアなど）から購入することも行われている。国内ではアトックス株式会社が代理購入を実施している。

キュリウムについてはさらに抽出作業は困難であるが，日本国内では，外国から購入したものを使用して，若干の固体化学研究が実施されている。^{244}Cmの半減期は18.1年で短いため，精製^{244}Cmを購入しても保管中に^{244}Cmがα崩壊し娘核種の^{240}Puが生成して^{244}Cmに混入するという困難さもある。

そのように得るのが難しいアメリシウムやキュリウムではあるが，商業炉である軽水炉を稼働させてウラン二酸化物燃料を燃焼させると，使用済燃料中には，1wt%のプルトニウム酸化物と，その約1/10弱のネプツニウム酸化物，1/15のアメリシウム酸化物，1/150のキュリウム酸化物が含まれている。発電量が100万kWd/tの軽水炉の酸化物燃料中の初期のウラン金属重量は約100tで，3年で全部使用済になることから，3年間で平均的に金属重量約1tのプルトニウムと約90kgのネプツニウム金属，約60kgのアメリシウム，約6kgのキュリウムが生成していることになっている。

アメリシウムとキュリウムと同様に生成するネプツニウムを含めて，マイナーアクチノイド（MA：Np, Am, Cm）と呼ぶが，現行の核燃料サイクルでは高レベル放射性廃棄物として地層処分されることになっている。

MAは放射性毒性が強く，発熱量が大きいので，大きな面積の高レベル放射性廃棄物処分場を必要とするが，将来的にMAを使用済燃料から回収し，原子炉内で燃焼させるMAリサイクル技術が完成すると，MAを高レベル放射性廃棄物から分離することが出来るので，高レベル放射性廃棄物の長期にわたる潜在的有害度を低減し，処分場の面積を削減することが出来るとされている。

そのためには，MAを原子炉内で効率良く安全に燃焼させることが可能なMA含有燃料の開発が必要である。ただし，MAはα線のほか，強いガンマ線と中性子線を放出するので取り扱いが困難である。そのMAを取り扱うために，高い気密性と遮へい能力を持つホットセルが必要である。日本ではMA含有燃料の開発について以前から調査［21-3］はされてきたが，マクロ量（0.1～10 g）の試料を必要とする固体化学を実施可能にする，MA取扱量の大きなMA研究設備はなかった。それで，原子力科学研究所の「燃料サイクル安全工学研究施設（NUCEF）」に「TRU高温化学モジュール」（第23章参照）が設置された。

高温化学モジュールで実施された試験を幾つか紹介する。窒化物としてMA含有燃料を開発するためには，アメリシウムやキュリウム窒化物燃料の熱的挙動変化を探る必要があり，窒化アメリシウムや窒化キュリウムの結晶格子の熱膨張率と温度の関係を解明することが重要である。熱膨張率は融点とも関連する燃料にとって重要な変数である。調製後約40年経過した^{244}Cm酸化物を原料として高純度Cm試料をグローブボックスで調製した例を紹介する。この原料は^{243}Amの不純物を約1% 含む20% ^{244}Cm − 80% ^{240}Pu混合酸化物であり，高純度Cm試料を得るためには，

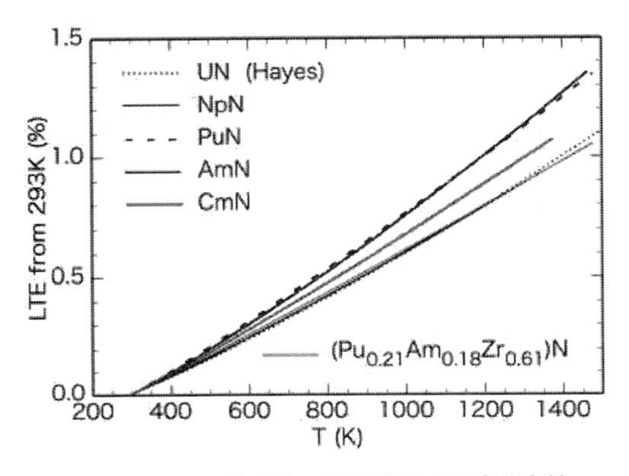

図21.2　窒化物の線熱膨張の温度依存性

^{240}Pu 及び ^{243}Am を除去する必要があった。最初に原料を酸化剤である過酸化水素水を少量加えた硝酸中で加熱溶解して溶液にし，陰イオン交換法によりPuを除去し，次に，Pu除去後の試料を硝酸−メタノール溶液にして，3級ピリジン樹脂を用いたクロマトグラム法によりAmとCmを分離した [10]。

その後，酸化物にしたAmO_2やCmO_2を炭素粉末と混合させてペレットにしてから窒素―水素混合ガス中1500 − 1700℃で炭素熱還元して，窒化アメリシウムや窒化キュリウム粉末を得た。高温X線回折測定法で窒化アメリシウム（口絵1参照）や窒化キュリウムの結晶格子の線膨張率と温度の関係を測定した。

その測定結果は図21.2である。窒化物の線熱膨張は，温度上昇とともにほぼ線形に増加するものの，アクチノイド金属元素の種類により異なることを示している [11]。

酸化物としてMA含有燃料を開発するためには，アメリシウムやキュリウム含有酸化物燃料の熱的挙動変化を探る必要があるが，特にアメリシウムやキュリウム二酸化物の酸素ポテンシャルと酸素不定比組成（O/M）の関係を解明することが重要である。これは，酸化物燃料の照射健全性に

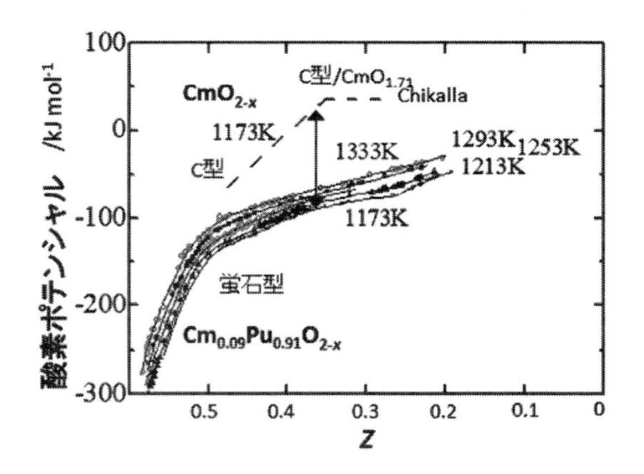

図 21.3　$Cm_yPu_{1-y}O_{2-x}$ の酸素ポテンシャルの Z 依存性
$Z \equiv x/y = (2 - O/M)/y$

影響する被覆管との反応や元素の化学形態は，燃料の酸素ポテンシャルにより支配されており，熱伝導度や融点などの燃料物性が，燃料の酸素不定比組成により大きな影響を受けるためであるが，アメリシウムやキュリウムを含有した場合の酸化物燃料の酸素ポテンシャルと酸素不定比組成の関係の変化が未知のためである。

キュリウム・プルトニウム二酸化物 $Cm_yPu_{1-y}O_{2-x}$ の酸素不定比組成と酸素ポテンシャルの関係を測定し，既知であるキュリウム二酸化物と比較した結果を図 21.3 に示す。この結果をみると，$Cm_{0.09}Pu_{0.91}O_{2-x}$ と CmO_2 の酸素ポテンシャルの Z 依存性が一つにならないので，キュリウムイオンの化学的状態が，キュリウム・プルトニウム二酸化物とキュリウム二酸化物とでは大きく異なっていることが示されている。これは，本測定の温度と酸素ポテンシャルの範囲では，キュリウム・プルトニウム二酸化物の結晶構造は，蛍石型酸化物であるのに対して，キュリウム二酸化物の結晶構造は，蛍石型酸化物以外の，C 型（立方晶系三二酸化物型）または C 型相と $CmO_{1.71}$ 相の混合相になっているためである［13］。

これらの結果に示すように，TRU 高温化学モジュール（鉄セル）には

表21.5 アメリシウムハロゲン化物の性質

	F	Cl	Br	I
ハロゲン化物	AmF_4（黄褐色） AmF_3（ピンク）	$AmCl_4$ $AmCl_3$（ピンク） $AmCl_2$（黒色）	$AmBr_4$ $AmBr_3$（白色） $AmBr_2$（黒色）	AmI_4 AmI_3（黄色） AmI_2（黒色）
オキシハロゲン化物	AmO_2F_2（褐色）	AmOCl		

十分なMA取扱量があったため，高精度なデータの取得が可能になったと考えられる。そして，MA含有燃料の熱的挙動変化の評価が可能になり，MAリサイクルの技術的成立性評価に貢献することができた。

その他，ホウ化アメリシウム（AmB_4，AmB_6）が作製され，結晶構造が報告されている［14］。AmB_4やAmB_6の作製方法，結晶構造はそれぞれPuB_4やPuB_6と同様である（14.1節Puホウ化物参照）。

(c) ハロゲン化物

アメリシウムフッ化物の合成には以下のような方法がある。AmO_2の場合には還元フッ化により三フッ化物とし，さらにフッ素によりAmF_4を得る。塩化物は還元塩化により$AmCl_3$を得る。オキシハロゲン化物の合成も可能である。表21.5にはアメリシウムハロゲン化物の種類と色を示す。AmX_3はピンクや白色を呈し，低級ハロゲン化物では黒色となる。

$$2AmO_2 + 6HF + H_2 \rightarrow 2AmF_3 + 4H_2O\ (600-750^\circ C) \tag{21-4}$$

$$2AmF_3 + F_2 \rightarrow 2AmF_4 \tag{21-5}$$

$$NaAmO_2(CH_3COO)_3 + F_2 \rightarrow AmO_2F_2 + CH_3COONa \tag{21-6}$$

$$2AmO_2 + 4CCl_4 \rightarrow 2AmCl_3 + 4COCl_2 + Cl_2\ (800-950^\circ C) \tag{21-7}$$

$$AmCl_3 + H_2O \rightarrow AmOCl + 2HCl \tag{21-8}$$

キュリウムフッ化物の合成には以下のような方法がある。CmO_2の場合には還元フッ化により三フッ化物とし，さらにフッ素によりCmF_4を得

表21.6　キュリウムハロゲン化物の性質

	F	Cl	Br	I
ハロゲン化物	CmF_4（茶色） CmF_3（白色）	$CmCl_3$（白色）	$CmBr_3$（白色）	CmI_3（白色）
オキシハロゲン化物		CmOCl		

る。塩化物は還元塩化により $CmCl_3$ を得る。オキシハロゲン化物の合成も可能である。表21.6にはキュリウムハロゲン化物の種類と色を示す。CmX_3 は白色を呈し，CmF_4 では茶褐色となる。オキシハロゲン化物はCmOClのみのようである。

$$2CmO_2 + 8NH_4F \cdot HF \rightarrow 2CmF_3 + 8NH4F + 4H_2O + F_2 (125℃) \quad (21\text{-}9)$$

$$2CmF_3 \cdot xH_2O + F_2 \rightarrow 2CmF_4 \quad (21\text{-}10)$$

$$2CmCl_3 \cdot xH_2O + NH_4Cl \rightarrow 2CmCl_3 + NH_3 + xH_2O + HCl \quad (21\text{-}11)$$

$$2Cm(OH)_3 \cdot xH_2O + HCl \rightarrow 2CmOCl + (x+1)H_2O \quad (21\text{-}12)$$

$$CmCl_3 + 3NH_4Br \rightarrow CmBr_3 + 3NH_4Cl \ (400-450℃) \quad (21\text{-}13)$$

図21.4および図21.5には熱力学計算ソフトHSC Chemistry［15］を用いて作成した $Am\text{-}F_2\text{-}O_2$ 系および $Am\text{-}Cl_2\text{-}O_2$ 系化学ポテンシャル図を示す。横軸および縦軸はそれぞれ，フッ素および酸素ポテンシャルを示す。フッ素（$\log P(F_2)$）および酸素（$\log P(O_2)$）ポテンシャルが極めて低い場合には金属Amが安定であり，フッ化物の場合には $\log P(F_2)$ の増加とともに金属領域の右側に AmF_3 および AmF_4 が存在する。酸化物では，$\log P(O_2)$ の増加とともに Am_2O_3 や AmO_2 が存在する。オキシフッ化物（Oxysulfide）は見られない。$Am\text{-}F_2\text{-}O_2$ 系に対し $Am\text{-}Cl_2\text{-}O_2$ 系の場合には，$\log P(Cl_2)$ の増加とともに $AmCl_2$ および $AmCl_3$ が存在する。また，酸化物と塩化物の間に（III）価のオキシ塩化物AmOClの領域が現れる。

次に，$Cm\text{-}Cl_2\text{-}O_2$ 系化学ポテンシャル図を図21.6に示す。ここで，Cm-

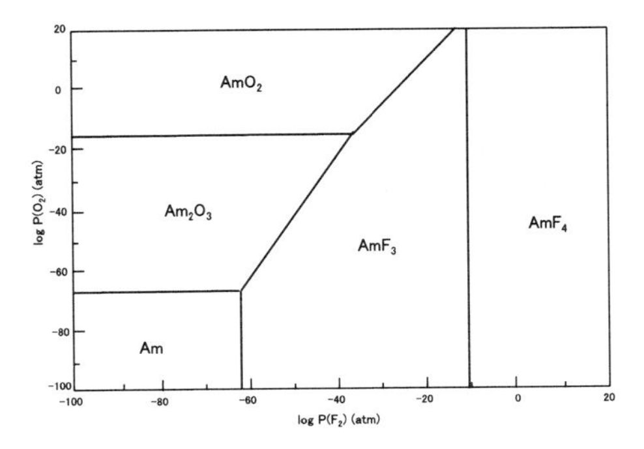

図 21.4　Am-F2-O2 系化学ポテンシャル図（500℃）[15]

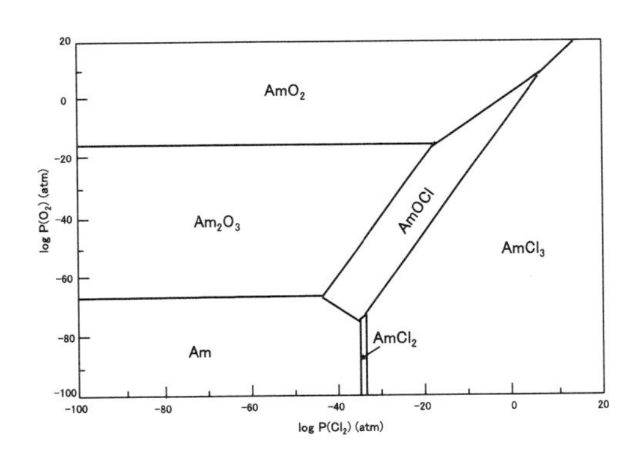

図 21.5　Am-Cl2-O2 系化学ポテンシャル図（500℃）[15]

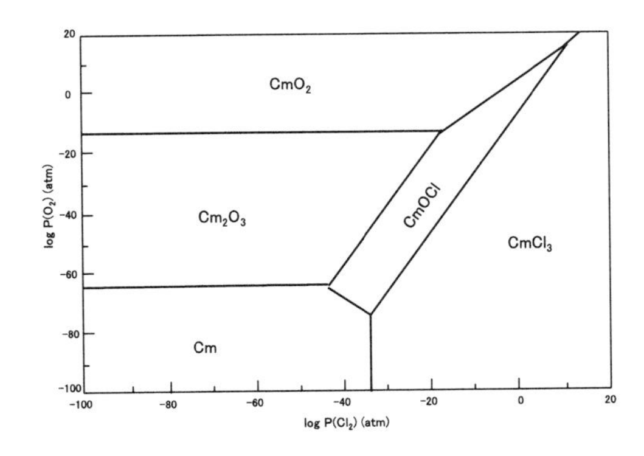

図 21.6　Cm-Cl2-O2 系化学ポテンシャル図（500℃）[15]

F_2-O_2系化学ポテンシャル図はAm-F_2-O_2系化学ポテンシャル図（図21.4）と同様であるので，割愛した［15］。Am-Cl_2-O_2系に対しCm-Cl_2-O_2系の場合には，$\log P(Cl_2)$の増加とともに$CmCl_3$のみが存在する。また，Am-Cl_2-O_2系と同様に酸化物と塩化物の間に（Ⅲ）価のオキシ塩化物$CmOCl$の領域が現れる。

21.3　溶液化学

PUREX法で生じる高レベル放射性廃液には，様々な核種が共存しており，これをガラス固化体として地層処分する計画が進められている。一方，放射性核種のうちAm，Cmは半減期が長く，発熱性であることから，もしこれらの核種を選択的に廃液から除去することができれば，放射線による長期リスクの低減や処分場面積の縮小が見込めるという考えがある。事業の詳細は他書に譲るが，この除去技術として溶媒抽出法があり，アクチノイド-ランタノイドや，Am-Cmの最適な分離方法の模索が続いている。AmおよびCmを用いる抽出法の原理はPu（17.2節）と同様であるので，ここでは，RIトレーサーとしてのAm-Cm混合母溶液の調製法について述べる。^{241}Amは半減期が432年と長く，厚さ計，煙感知器，Am-Be中性子線源，水分計など多用途であり，研究用RIとしても普及している。一方Cmは比較的入手しにくく，アメリシウムの中性子照射によって人工的に製造する。^{241}Amの(n, γ)で生じる^{242}Cmの半減期は約160日である。

ここでは研究用原子炉の水圧輸送管照射設備を用いて，Am試料に熱中性子照射を行う操作を例に述べる。^{241}Am数μgを含む希硝酸0.5mLを高純度石英管（外径7mm×内径5mm）に入れ，これを図21.7のような装置でフィルターを介してポンプにより蒸気を吸引しながら赤外線ランプで乾固する。突沸によるα汚染，被ばくに気を付けること。図21.8のように石英管をバーナーで減圧封入し，さらにそれを太い石英管（11×9mm）にいれることで2重溶封する。これを純度99.99%のアルミシートで包み，さらにこれをアルミ製照射カプセルに封入する。

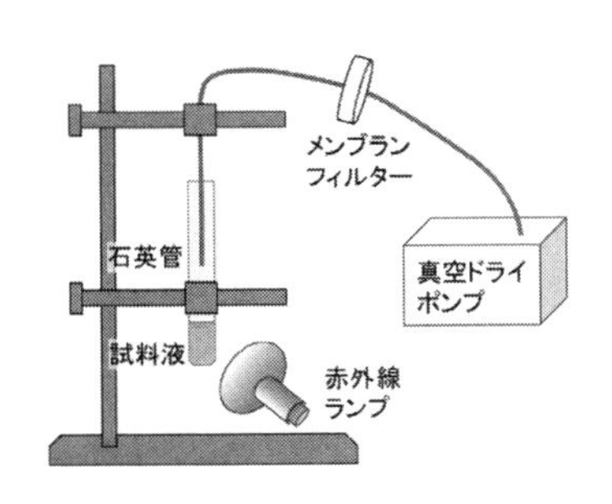

図21.7　乾固装置例

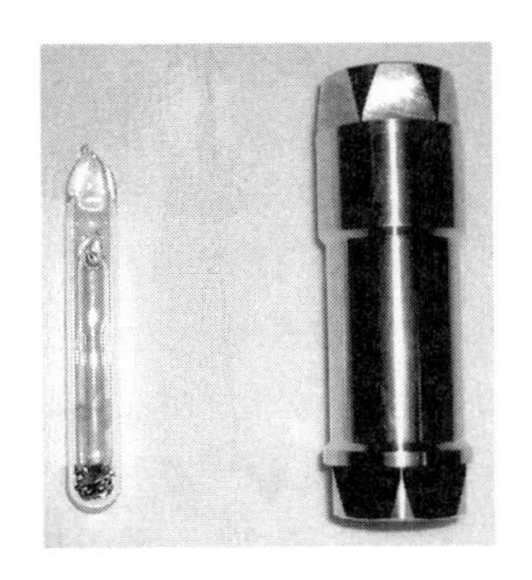

図21.8　2重溶封試料と照射カプセル

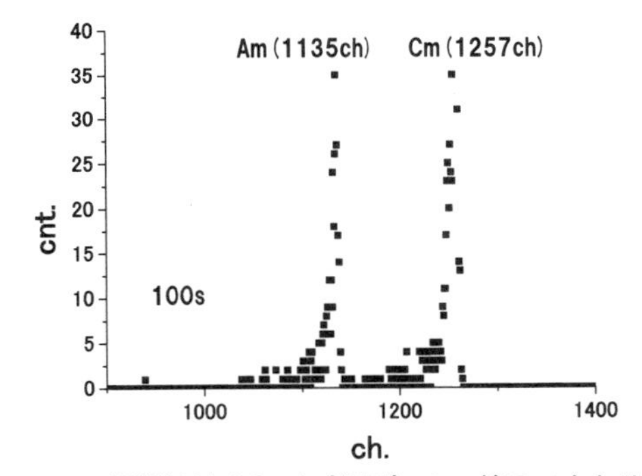

図21.9　標準溶液10μl（乾固）のα線スペクトル；
^{241}Am (5.486 Mev)，^{242}Cm (6.113 Mev)

10時間の照射後，不純物の放射化による誘導放射能の減衰を待って，石英管を開封する。開封した石英管ごと小ビーカーにいれ，20% HNO_3液を加えて加熱溶解する。さらに再度乾固した後，目的の酸を10.00 ml加えて溶解し，これをAm + Cm母溶液とする。母溶液をマイクロピペットで10 μℓ分取し，ステンレス製試料皿に蒸発乾固させた試料のα線スペクトルを図21.9に示す。なお，検出器の計数効率とエネルギーの校正を必要としない定量法として天然サマリウムを用いたフッ化物（あるいは水酸化物）共沈法を利用することもできる。

21.4　分離変換

日本原子力研究所（現日本原子力研究開発機構原子力科学研究所）では1980年代から，高レベル放射性廃棄物の処分量を効率的に減量し，積極的に安全性の向上を図ると共に，廃棄物の中から有用元素を資源化するという新たな可能性を模索する群分離核変換（分離変換）と呼ばれる研究開発を行ってきた。分離変換は，高レベル放射性廃棄物をその放射能毒性や有用性などに応じていくつかのグループに分離する技術（群分離）と加速器などからの中性子を利用し，長寿命核種を短寿命化するいわゆる核変換を行う技術を組み合わせた技術開発である。分離プロセスは，高レベル廃液中に含まれる元素の特性の違いを考慮し，放射能毒性，有用性，発熱性，などにより4つのグループに分類され分離する4群群分離法として開発が進められてきた。（図21.10）すなわち，放射能毒性の高いアクチノイドなどの長寿命元素，セシウム，ストロンチウムなどの発熱元素，有用性が期待できる白金族元素，その他の元素の4つのグループである。開発の経緯や詳細な成果は森田らの報告［16］に譲るが，2000年代に入り，チェックアンドレビューに付され，レファレンスプロセスとして位置づけられている。同時に，課題として経済性の向上と二次廃棄物発生量の低減が指摘された。

その後，新しい分離プロセスの開発も行われており，近年4つのステップで使用済み燃料溶解液の処理を行うSELECT（Solvent Extraction from Liquid waste using Extractants of CHON-type for Transmutation）プロセスと呼ばれる新しい分離プロセスが開発された。この方法では，焼却可能な抽出剤を数種類使用するのが特徴である（図21.11）。まず，モノアミド系抽出剤であるN, N-di(2-ethylhexy)-2, 2-dimethylpropanamide（DEHDMPA）やN, N-di(2-ethylhexyl) butanamide（DEHBA）を利用してU, Puを分離回収する。つぎに，ジアミド系抽出剤であるN, N, N', N'-tetradodecyldiglycolamide（TDdDGA）を使ってAm, Cmと核分裂生成物である希土類を分離し，3脚

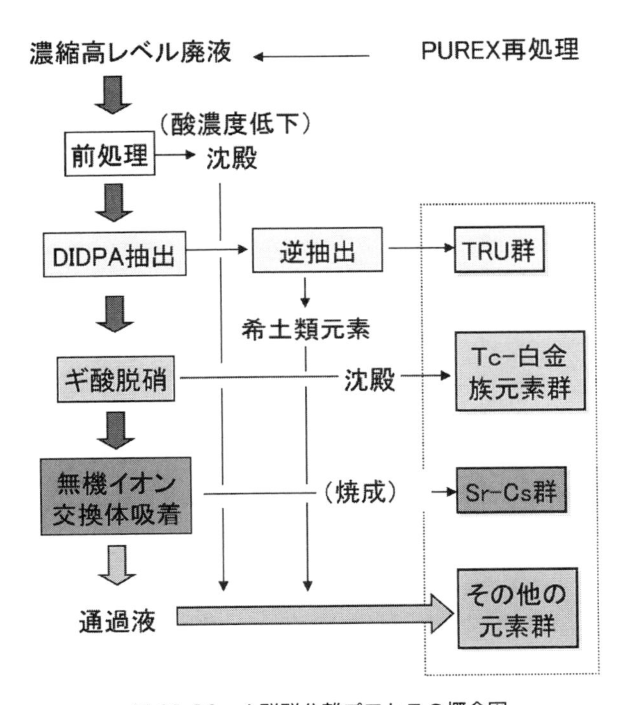

図 21.10　4 群群分離プロセスの概念図

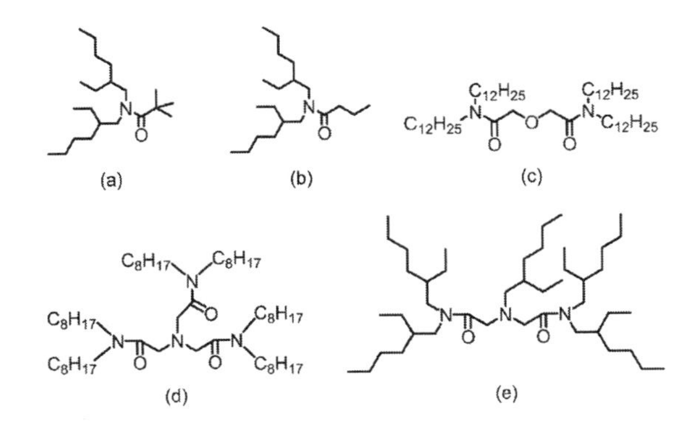

図 21.11　SELECT プロセスで利用される抽出剤の分子構造
(a) DEHDMPA, (b) DEHBA, (c) TDdDGA, (d) HONTA, (e) ADAAM

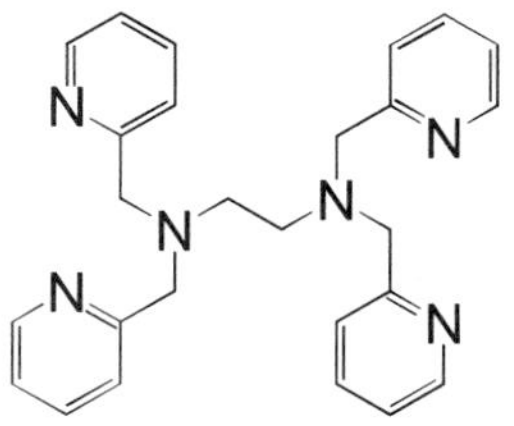

図21.12　TPENの分子構造

状トリアミド系抽出剤であるN, N, N', N', N'', N''-hexaoctyl nitrilotriacetamide（HONTA）によりAm, Cmと希土類元素を分離する。最後にジアミドアミン系抽出剤alkyldiamide amine（ADAAM）で，AmとCmを分離するプロセスから構成されており，連続抽出試験などで一定の成果を挙げている。[17]

経済性向上を目指す研究開発として，Am, Cmとランタノイドとの分離工程の効率化が注目され，研究開発が進められている。本稿ではその中からいくつかの分離試薬とその性能について概観したい。

この分野の世界的動向としては，窒素ドナーを有する多座配位子を抽出剤として利用する研究が盛んである。日本における研究では，N, N, N', N',－テトラキス（2-メチルピリジル）エチレンジアミン（TPEN, 図21.12）を抽出剤とし，アルキルリン酸や長鎖カルボン酸と組み合わせることで，3価アクチノイドの分離に有効であることを見出した。[18,19] Am（Ⅲ）とEu（Ⅲ）を含む水溶液とTPENを含むニトロベンゼン相との間のAm（Ⅲ）とEu（Ⅲ）の分配比を測定した結果の一例を図21.13に示す。TPENの濃度が増すと分配比は増し，両者の対数プロットは傾き1の直線となる。このことは，抽出錯体中のTPENとAm（Ⅲ）またはEu（Ⅲ）の比が1であることを示す。また，両者の分離係数の比（分離係数；Separation Factor, S.F.）はほぼ100を示し，分離試薬として有効に働くことを明らかにした。

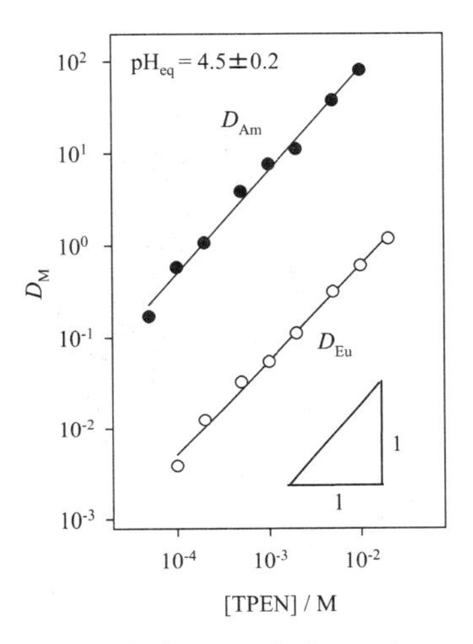

図21.13　TPENの構造とAm（Ⅲ）とEu（Ⅲ）のニトロベンゼン相中へのイオン対抽出における分配比のTPEN濃度依存性

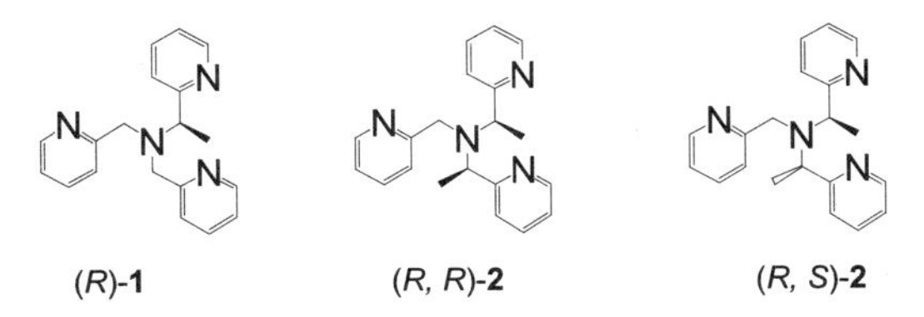

図21.14　トリス（2－ピリジルメチル）アミン（TPA）誘導体の分子構造

TPENでは窒素ドナーとしてピリジン環が重要な役割を果たしていると考えられるため，さらなる改良を行うための分子設計の方向性のひとつとして，ピリジン環をつなげているアルキル基の影響の検討を試みた（図21.14）。窒素ドナー型三脚状配位子であるトリス（2－ピリジルメチル）アミン（TPA）に置換基を導入することで，その分離性能に与える効果を検討した。アニオン性の抽出剤を組み合わせた抽出系において，Am（Ⅲ）とEu（Ⅲ）を含む水溶液とTPA誘導体および疎水性陰イオンのピクリン酸（Pic），デカン酸（Dec），2－ブロモデカン酸（Br-Dec）を含むニトロ

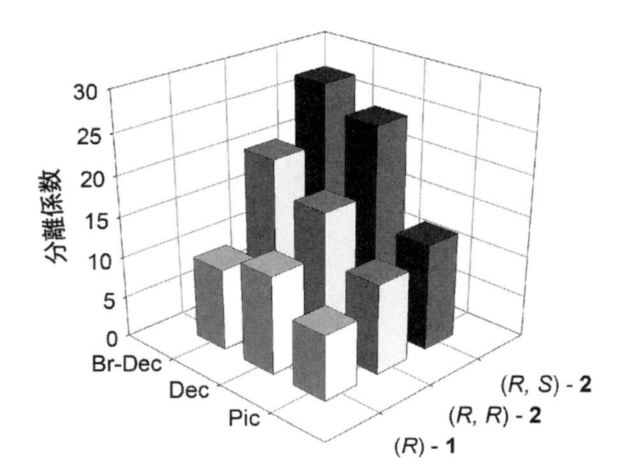

図 21.15　TPA 誘導体抽出剤と陰イオンの組み合わせによる Am(Ⅲ)/Eu(Ⅲ)間の分離係数の関係

ベンゼン相との間の Am (Ⅲ) と Eu (Ⅲ) の分配比を決定し，それぞれの分配比の比分離係数をプロットした結果を図 21.15 に示す。メチル基を一つ置換した (*R*) − 1 よりも二置換体の (*R*, *R*) − 2, (*R*, *S*) − 2 で分離係数が増大し，酸素ドナーアニオンとの組み合わせにより，Pic < Dec < Br-Dec の順で更に分離係数は増大する。これは，置換基の導入による配位子のコンフォメーション変化と併せて，アニオン性抽出剤の種類に応じて錯体の安定性に影響を与えた結果と考えられる。つまり少々乱暴ではあるが，多座のピリジン系配位子は，アルキル基の導入などで配位子の配座を変化させたり，アニオン性抽出剤を組み合わせたりすることで，分離性能が飛躍的に改善される可能性があるということになる。[20-22]

液液二相の抽出分離ばかりでなく，固液分離による分離研究も行われている。多孔性ポリスチレンジビニルベンゼン，ポリアクリルアミド，多孔質シリカゲルなどの基材に，溶媒抽出で性能の確かめられた抽出剤を含浸（しみこませる）させ，吸着剤として使用する抽出クロマトグラフ法である。この方法は抽出剤がファンデルワールス力などの弱い相互作用で基材

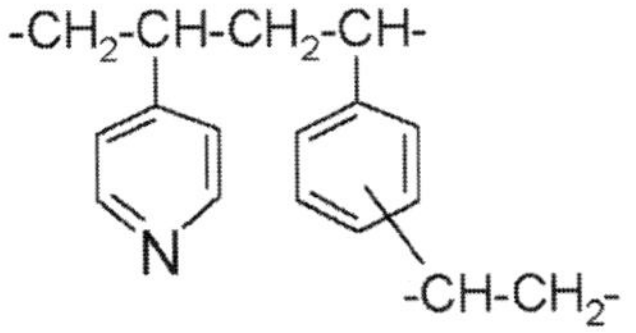

図21.16　ピリジン樹脂の構造

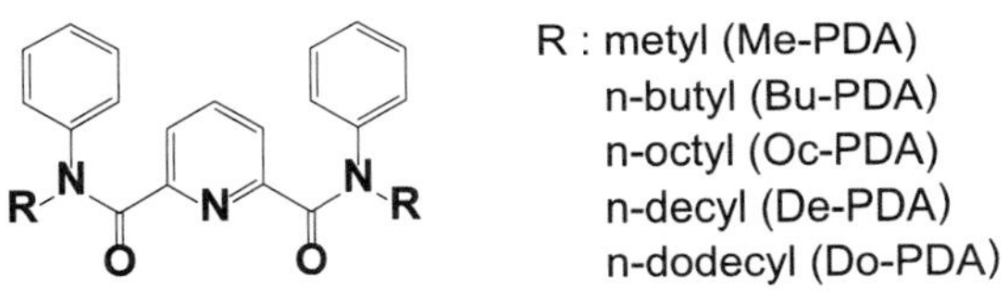

R : metyl (Me-PDA)
n-butyl (Bu-PDA)
n-octyl (Oc-PDA)
n-decyl (De-PDA)
n-dodecyl (Do-PDA)

図21.17　ピリジンジアミド系分離試薬の構造

に担持されるため，分離操作中に抽出剤が溶出する可能性があるという課題はあるものの，分離剤の調製が簡便で，高い理論段数を利用することが可能であるという利点がある。鈴木らはピリジン樹脂（図21.16）を用いて，メタノール－塩酸混合溶媒で溶離することでマイナーアクチノイド分離に成功しており，液性によりAmとCmの分離も可能である。[23] また，同一分子内に窒素と酸素ドナーを含む混合ドナー型の配位子を用い，高い酸性条件でアクチノイドイオンとランタノイドイオンの分離機能を有し，誘導体化が容易なピリジンアミド（PDA，図21.17）を，抽出クロマトグラフ法へ適用した。[24] 基材としてスチレンジビニルベンゼンポリマーであるAmberlite XAD-4を用い，PDAの側鎖アルキル基の長さを長くすることにより（C1 ; Me-PDA, C4 ; Bu-PDA, C8 ; Oc-PDA, C10 ; De-PDA, C12 ; Do-PDA），抽出剤分子の疎水性を高め，基材と抽出剤の相互作用を増大させ，溶出を抑える（Me-PDA > Bu-PDA > Oc-PDA > De-PDA > Do-PDA）ことができた。実際，Oc-PDAを含浸させたXAD-4を用いて，直径5mmのガラスカラムにOc-PDA含浸樹脂を20cm充填し，Eu, Amを含む5M硝酸溶液を装荷し，5M硝酸溶液を0.1ml/分で溶離す

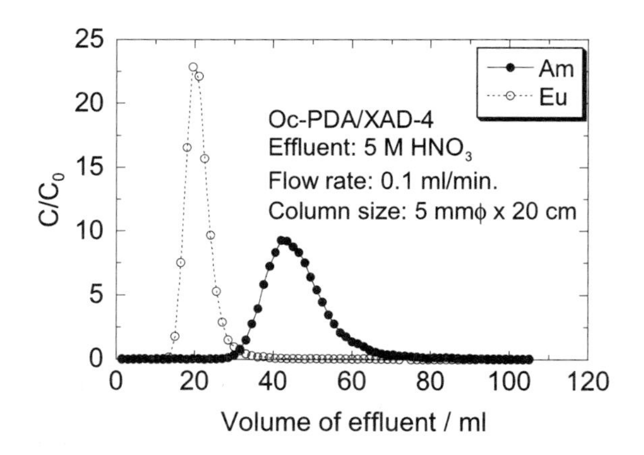

図 21.18　Oc-PDA/XAD-4 による Am（Ⅲ）および，Eu（Ⅲ）のクロマトグラム

ることで，カラム分離試験を行ったところ，Eu, Am は十分に分離されており，PDA を用いた抽出クロマトグラフ法が，3 価アクチノイド／ランタノイドの分離の有力な方法であることを明らかにすることができた。（図 21.18）これら，マイナーアクチノイド分離の要素分離技術開発については，現在も様々な取り組みが行われており，今後さらなる開発の進展が望まれている。

参考文献

[1]　L. R. Morss, N. M. Edelstein, J. Fuger eds, “The Chemistry of the Actinide and Transactinide Elements”, 4th edition, Vol.2, Springer, (2006) 200.
[2]　M. Benedict, T. H. Pigford, H.W. Levi 著（清瀬量平訳），「使用済燃料とプルトニウムの化学工学」，「原子力化学工学」第Ⅲ分冊，日刊工業新聞社，(1984)
[3]　内藤奎爾，「原子炉化学」（下），東京大学出版会，(1978)
[4]　中井敏夫，斎藤信房，石森富太郎編，「放射性元素」，「無機化学全書」（柴田雄次，木村健二郎編），XⅦ－3，丸善株式会社，(1974)
[5]　工藤和彦，田中　知編，「原子力・量子・核融合事典」第Ⅴ分冊，丸善出版，(2017)
[6]　柴田徳思編，「放射線概論」，通商産業研究者，(2019)
[7]　W. Muller, J. Reul, J. C. Spirlet, Atomwirtschaft, 17, (1972), 415

[8]　舘盛勝一　JAERI-M 8420（1979）
[9]　峯尾英章，松村達郎，津幡靖宏 JAERI-Tech96-047（1996）
[10] 鈴木康文，半田宗男 JAERI-M 90-094（1990）
[11] H. Hayashi et al., J Radioanal. Nucl. Chem., 296（2013）1275-1286.
[12] M. Takano, H. Hayashi, K. Minato, J. Nucl. Mater. 448（2014）66–71.
[13] H. Otobe, M. Akabori, Y. Arai, IOP Conf. Series: Materials Science and Engineering 9（2010）012015.
[14] H. A. Eick, R. N. R. Mulford, J. inorg. Nucl. Chem., 31（1969）371-375.
[15] HSC Chemistry, V.10, (2020)
[16] 森田泰治，久保田益充，「原研における群分離に関する研究開発－4群群分離プロセス開発までのレビュー－－」JAERI-Review, 2005-041, (2005)
[17] Y. Ban, H. Suzuki, S. Hotoku, N. Tsutsui, Y. Tsubata, T. Matsumura, Solv. Extr. Ion Exch., 37, 489-499, (2019)
[18] Masayuki Watanabe, Rinat Mirvaliev, Shoichi Tachimori, Kenji Takeshita, Yoshio Nakano, Koshi Morikawa, Takahiro Chikazawa, Ryohei Mori, Solvent Extraction and Ion Exchange, 22, 377-390, (2004).
[19] Rinat Mirvaliev, Masayuki Watanabe, Tatsuro Matsumura, Shoichi Tachimori and Kenji Takeshita, J. Nucl. Sci. Technol., 41, 1122-1124（2004).
[20] Ken-ichiro Ishimori, Masayuki Watanabe, Takaumi Kimura, Tsuyoshi, Yaita, Takashi Yamada, Yumiko Kataoka, Satoshi Shinoda, Hiroshi Tsukube, Chem. Lett., 34, 1112, (2005).
[21] Ken-ichiro Ishimori, Masayuki Watanabe, Takaumi Kimura, Masaki Murata, Hiroshi Nishihara, J. Alloys Comp., 408-412, 1278-1282（2006).
[22] Ken-ichiro Ishimori, Masayuki Watanabe, Tsuyoshi Yaita, Takaumi Kimura, Takashi Yamada, Satoshi Shinoda, Hiroshi Tsukube, Solv. Extr. Ion Exch., 27, 489（2009).
[23] T. Suzuki, M. Tanaka, Y. Ikeda, S. Koyama, J. Radioanal. Nucl. Chem., 296, 289-292 (2013).
[24] M. Arisaka, M. Watanabe and T. Kimura, Radiochim. Acta, 101, 711-717（2013).

第22章　プロトアクチニウム

22.1　プロトアクチニウムの基礎

元素名プロトアクチニウム（Pa）は，ブレヴィウムやウランX2などと呼ばれたこともあったが，1949年国際純正・応用化学連合（IUPAC）が，アクチニウムの前にギリシャ語の“第一”を意味する接頭辞をつないだものを正式元素名として定めたものである。プロトアクチニウムの放射性改変により，アクチニウムが生成することから名づけられた。

91番元素であるPaは地殻中に平均0.1pptと極微量ながら存在する天然元素である。表22.1には質量数が227から234までの主要な核種を示す。天然の同位体組成は半減期32,760年の放射性同位体である^{231}Paが100%であり，これは地球誕生時からの^{235}Uの壊変（アクチニウム系列壊変図

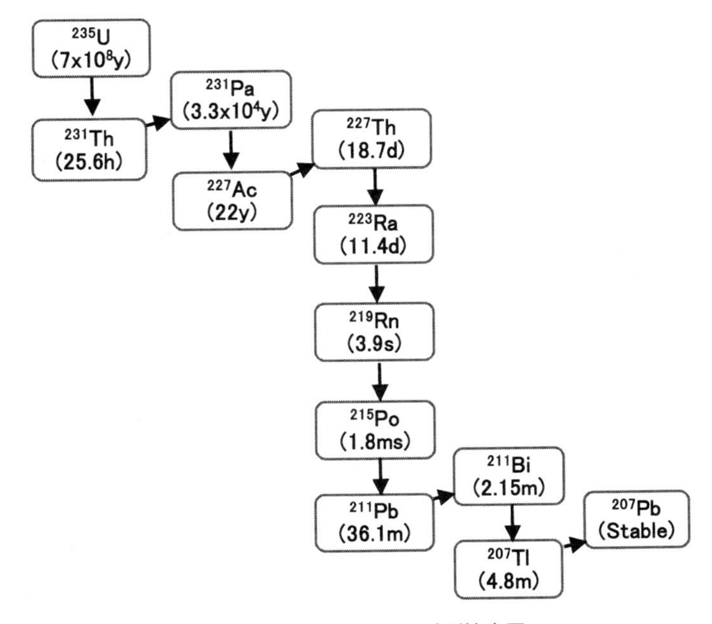

図22.1　アクチニウム系列壊変図

：図22.1）により継続的に生じているものである。このほか，^{238}U の壊変（ウラン系列壊変図：ウランの化学（I），図1.1［1］）で ^{234}Pa（半減期6.7時間），ネプツニウム系列（本書図20.1参照）で ^{233}Pa（半減期29.967日）が生成するが，いずれも短半減期である。このため核燃料の原料であるウラン（U）鉱石には ^{235}U の娘核種である ^{231}Pa が含まれることになる。

$$ {}^{235}_{92}U \xrightarrow{\alpha} {}^{231}_{90}Th \xrightarrow{\beta^-} {}^{231}_{91}Pa \qquad (22\text{-}1) $$

$$ {}^{238}_{92}U \xrightarrow{\alpha} {}^{234}_{90}Th \xrightarrow{\beta^-} {}^{234}_{91}Pa \qquad (22\text{-}2) $$

$$ {}^{237}_{93}Np \xrightarrow{\alpha} {}^{233}_{91}Pa \qquad (22\text{-}3) $$

また，これらの核種のうち，RI規制法の対象となるものがあり，表22.2には ^{230}Pa および ^{233}Pa についてのSS免除レベルを示した［2］。

表22.3にはチェコのボヘミア地方で採掘されたピッチブレンド処理残渣の組成を示す。シリカおよびヘマタイトを主体に含む残渣であるが，チタンやジルコニウムといったレアメタルを0.1%含有している。プロトアクチニウムは $^{231}Pa_2O_5$ として0.003%含有している。さらに，トリウム系列からの ^{233}Pa は，短半減期（27日）であるが，トリウム燃料からの ^{233}U 燃料製造の中間核種としてトリウムサイクルにおいては重要であり，第6章にて述べた。その他の核種は天然トリウム（^{232}Th）と陽子や重水素との核反応により生成されるが，短半減期である。

Paは，一般的な無機化学の教科書にその記述を見つけることが難しい元素のひとつで［3, 4］，専門書の中［5, 6, 7］でもその記述内容は限定的である。それらの多くはGmelin［8］もしくはThe Chemistry of the Actinide Elements［9］を典拠としている。特に後者は，現在第4版を数えているものの，ことPaの記述内容にはほぼ変化が見られないことからも，最近の研究例の少なさを物語っている。これは，ひとえにこの元素が生物学上の

表 22.1　主な Pa 核種と性質

同位体	半減期	放射線（MeV）	生成方法
^{227}Pa	38.3 m	α, 6.466	^{232}Th (p, 6 n)
^{228}Pa	22 h	γ, 0.410	^{232}Th (p, 5 n)
^{229}Pa	1.5 d	α, 5.579	^{232}Th (d, 3 n)
^{230}Pa	17.7 d	α, 5.345	^{232}Th (d, 2 n)
^{231}Pa	3.28×10^4 y	α, 5.012	^{235}U 娘核種
^{232}Pa	1.31 d	β (γ), 0.969	^{232}Th (d, 2 n)
^{233}Pa	27.0 d	β (γ), 0.312	^{237}Np 娘核種
^{234}Pa	6.75 h	β (γ), 0.570	^{238}U 娘核種

表 22.2　Pa 核種の BSS 免除レベル

	^{230}Pa	^{233}Pa
放射能　　　（Bq）	1×10^6	1×10^7
放射能濃度（Bq/g）	10	100

表 22.3　ピッチブレンド鉱石処理残渣中の Pa 含有量

成分	含有量（wt%）	成分	含有量（wt%）
SiO_2	60	MgO	0.5
Fe_2O_3	22	Ti	0.3
PbO	8	Zr (Hf)	0.1
Al_2O_3	5	黒鉛	0.1
MnO	1	Pa_2O_5	3×10^{-3}
CaO	0.6		

役割をもたずあまり重要視されていないことに加え，化学的毒性は低いと推定されていること，加えて，強い放射能による毒性に注意することが推奨されている元素であることに起因していると言えるだろう。また，後述のように溶液中で極端に加水分解しやすく，その取扱いが非常に難しいことも一因であると言える。

ウラン鉱石処理後の残渣から Pa を分離回収した例がある。図 22.2 にはピッチブレンド残渣からの Pa 回収フローを示す［10］。また，表 22.3 にはこの残渣の組成を示した。ここでは，残渣を塩酸浸出，アルカリ浸出を繰

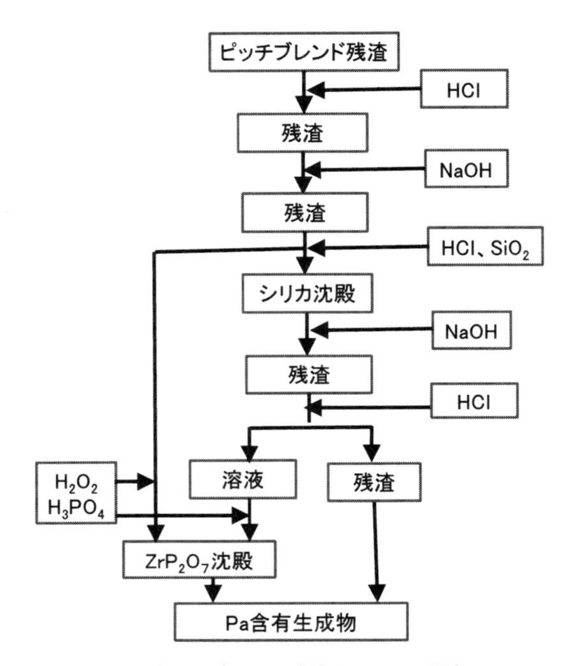

図 22.2　ピッチブレンド残渣からの Pa 回収フロー

り返し，最終的に難溶性のリン酸ジルコニウム塩としてをPaを共沈させPa含有生成物を得る。生成物中のPa_2O_5品位は0.005%，回収率は83%程度である。

一方，ウランを抽出する際のエーテルスラッジを原料として，これを硝酸処理し，リン酸トリブチルで抽出して塩化アルミニウムを添加し，生じた沈殿を水酸化ナトリウム水溶液に溶解したのちジイソブチルケトンで抽出することで得られる。大規模に分離された例としては，1961年に英国原子力公社が60トンの使用済み燃料から純度99.9%のプロトアクチニウムを122グラム調整した。世界各国に頒布されたものの，研究目的以外の実用レベルの工業的な使用用途に関しては，いまだ見出されていない。

また，最近では放射性廃棄物の処分の観点から，Pa化学研究の発展の必要性が指摘されている。ウラン製錬転換施設や燃料加工施設から排出されるウラン廃棄物には精製程度の低い天然Uからの ^{231}Pa が一定割合で含まれている。また，この廃棄物には $^{238+235}$U 系列以外の放射能が存在しないため，処分を考える際，相対的に ^{231}Pa の重要度が高くなる。ウラン廃棄物については，2000年12月に原子力委員会より処分方針が示されたものの［11］，安全規制の考え方の整備や法整備は一部に留まっており，濃度上限値等も示されていないため，処分実施に向けての研究開発もあまり進んではいない。ウラン系列およびアクチニウム系列に含まれる核種の半減期から，ウラン廃棄物中の重要核種は ^{234,235,238}U，^{230}Th および ^{231}Pa であることが分かる。この廃棄物が他の分類の廃棄物と決定的に異なる点は，安全評価上特に重要な α 放射能量が経年増加する点である。日本原子力研究開発機構が2008年に行った，ウラン廃棄物を余裕深度処分（中深度処分）した場合の被ばく線量系経時変化のケーススタディ例［12］によると，ウラン廃棄物に含まれる ^{235}U に起因する生活者の被ばくは処分後100万年経過後にピークを迎え，その中で ^{231}Pa が被ばくの第一要因となる。このためウラン廃棄物処分の安全評価を適切に行うためには，Paの溶解度，錯生成定数および収着分配係数といった基本的な溶液化学パラメータが必要となるが，現状ではこれらの整備はほとんどなされておらず，U(VI) やNp(V) のデータが代用されている。環境中で主要な化学状態であるPa(V) はジオキソイオン構造を取るU(VI) やNp(V) とは全く異なり，$PaO(OH)^{2+}$ といったモノオキソイオン構造を取る事が知られている。ゆえに上記のような他元素での化学パラメータの代用は科学的合理性が無く，近年，このようなウラン廃棄物処分の工学面からPaの溶液化学研究の充実が求められている。

Paの化学的性質については，原子価として3価から5価までが知られており，特にモノオキソ体として5価がよく研究されている。4価については，5価からZnもしくは Cr^{2+} などで還元することで得られるが，酸性水溶液中でも加水分解を経てコロイド化すると考えられている。5価に関しても，水溶液中では加水分解し，錯形成する配位子がない場合は，水和

酸化物 $Pa_2O_5 \cdot nH_2O$ として沈殿する。

分光学的性質については，4価，5価について研究が行われている。5価のPaでは，吸収スペクトルが測定されており，250nm付近にブロードなピークと220nm以下に非常に大きな吸収ピークが表れるのに対して，4価のPaでは，224nm，255nm，276nmに3つの特徴的なピークが観測されるため，原子価の確認に有用である。[13] また4価のPaについては，蛍光スペクトルが観測可能で，ナノ秒スケールの蛍光寿命を持っているが，光酸化反応によりPaが5価に酸化されるため注意が必要である。[14]

22.2　固体化学［7］

プロトアクチニウム金属は，フッ化物や塩化物の活性金属還元により得られる。

$$2PaF_5 + 5M \rightarrow 2Pa + 5MF_2 \ (M = Ca, Ba) \quad (22\text{-}4)$$

また，ヨウ化物熱分解による金属製造もある。

$$2PaI_5 \rightarrow 2Pa + 5I_2 \quad (22\text{-}5)$$

表22.4にPa金属の結晶構造を示す。低温での α 相は正方晶をとり，高温において β 相（面心立方晶）へ変態し，1562℃にて融解する。

Pa酸化物については，原子価に対応して，表22.5のようなものがある。低級酸化物には PaO や PaO_2 の他，$PaO_{2.33}$ がある。黒色の PaO_2 は Pa_2O_5 を1550℃にて水素還元により得る。PaO_2 は鉱酸に対しては安定であるが，フッ酸に溶解する。Paの場合，V族のNbやTaと同様にV価が安定であり，3種類の Pa_2O_5 がある。面心立方晶の Pa_2O_5 は700℃で正方晶へ変態し，さらに1000℃では，六方晶へ変態する。この温度以上では，低級酸化物へ分解する。Pa_2O_5 は Nb_2O_5 や Ta_2O_5 と同様に，極めて安定で，溶解にはフッ酸を必要とする。

表 22.4　Pa 金属の結晶構造

相	結晶系	格子定数（Å）		密度 (g/cm³)	融点 (°C)
		a	c		
α	正方晶	3.925	3.238	15.37	
β	面心立方晶	5.018			1562

表 22.5　Pa 酸化物の結晶構造

化合物	結晶構造	格子定数（Å）		備考
		a	c	
PaO	立方晶	4.961		
PaO_2	面心立方	5.509		
$PaO_{2.33}$	正方晶	5.425	5.568	
Pa_2O_5	面心立方	5.446		RT － 700°C
Pa_2O_5	正方晶	5.429	5.503	700 － 1000°C
Pa_2O_5	六方晶	3.817	13.220	1000 － 1500°C

表 22.6　Pa ハロゲン化物の種類

	F	Cl	Br	I
Pa(III)				PaI_3
Pa(IV)	PaF_4 (暗褐色)	$PaCl_4$ (黄緑色)	$PaBr_4$	PaI_4 (暗緑色)
Pa(V)	PaF_5 (白色)	$PaCl_5$ (淡黄色)	$PaBr_5$ (暗赤色)	PaI_5 (黒色)

Paハロゲン化物については，表22.6のようなものがある。III価の場合，ヨウ化物 PaI_3 のみのようである。IV価やV価の場合，PaX_4，PaX_5 (X = F, Cl, Br, I) が存在する。ハロゲン化物の合成法としては以下のような方法がある。フッ化物の場合には500°Cにて H_2 + HF と反応させてに PaF_4 とし，その後フッ素により PaF_5 を得る。$PaCl_5$ は塩素共存下，300°Cで CCl_4 との反応により得る。$PaCl_5$ を水素還元して $PaCl_4$ とする。$PaBr_5$ や PaI_5 は炭化物と臭素やヨウ素との反応により臭化物，ヨウ化物が得られるほか，AlX_3 (X = Br, I) と 300 ～ 400°Cにて反応させて得る方法もある。

$$Pa_2O_5 + 10HF \rightarrow 2PaF_4 + 5H_2O + F_2 \quad (22\text{-}6)$$

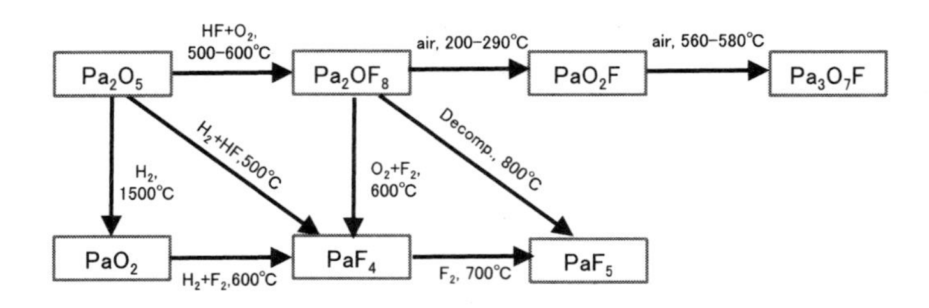

図22.3　酸化物からのPaオキシフッ化物，フッ化物合成経路

$$2PaF_4 + F_2 \rightarrow 2PaF_5 \quad (22\text{-}7)$$

$$2Pa_2O_5 + 5CCl_4 \rightarrow 4PaCl_5 + 5CO_2 \quad (22\text{-}8)$$

$$2PaC + 5X_2 \rightarrow 2PaX_5 + 2C \ (X = Br, I) \quad (22\text{-}9)$$

$$3Pa_2O_5 + 10AlX_3 \rightarrow 6PaX_5 + 5Al_2O_3 \ (X = Br, I) \quad (22\text{-}10)$$

また，PaX_5の水素還元によりPaX_4を得る。

$$2PaX_5 + H_2 \rightarrow 2PaX_4 + 2HX \ (X = Cl, Br, I) \quad (22\text{-}11)$$

さらに，IV価のオキシハロゲン化物は$PaOX_2$ (X = Cl, Br, I) のみであるが，V価の場合にはPaX_5が，例えば加水分解により段階的に酸素と置換して$PaOX_3$やPaO_2X (X = F, Cl, Br, I) を生成する。

$$PaX_5 + H_2O \rightarrow PaOX_3 + 2HX \quad (22\text{-}12)$$

$$PaOX_3 + H_2O \rightarrow PaO_2X + 2HX \quad (22\text{-}13)$$

一方，P_2O_5をフッ化する場合には酸素がフッ素と置換したオキシフッ化物を生成する。酸化物からのオキシフッ化物，フッ化物合成経路を図22.3に示す。低級フッ化物の合成にはHFを用いることができるが，高温では還元性があるので，V価のままフッ化する場合には，酸素を共存させ

表 22.7　Pa オキシハロゲン化物の種類

	F	Cl	Br	I
Pa(IV)		$PaOCl_2$（暗緑色）	$PaOBr_2$（橙色）	$PaOI_2$（赤色）
Pa(V)	PaO_2F Pa_2OF_8（白色） Pa_3O_7F	Pa_2OCl_8（白色） PaO_2Cl（白色）	$PaOBr_3$（黄緑色） PaO_2Br（白色）	$PaOI_3$（暗緑色）

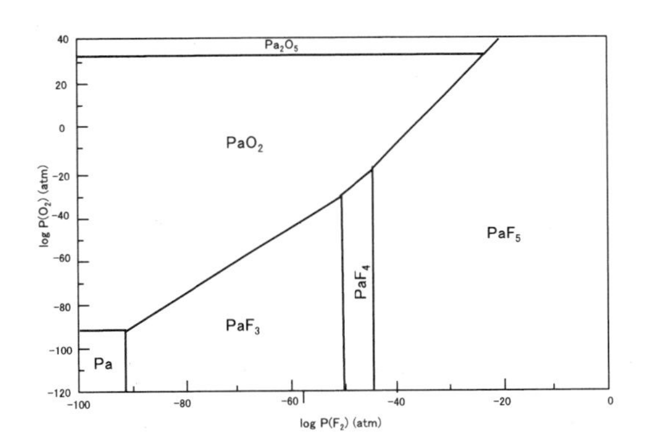

図 22.4　Pa − F_2 − O_2 系化学ポテンシャル図（300℃）[15]

る。フッ素の場合には酸化フッ化なので，高級フッ化物合成へ適用できる。オキシフッ化物を空気中での加熱すると，種々のオキシフッ化物となる。オキシフッ化物の種類を表 22.7 に示す。

$$Pa_2O_5 + 8HF + H_2 \rightarrow 2PaF_4 + 5H_2O \text{ (in } H_2) \quad (22\text{-}14)$$

$$Pa_2O_5 + 8HF \rightarrow Pa_2OF_8 + 4H_2O \text{ (in } O_2) \quad (22\text{-}15)$$

図 22.4 には熱力学計算ソフト HSC Chemistry [15] を用いて作成した 300℃における Pa-F_2-O_2 系および Pa-Cl_2-O_2 系化学ポテンシャル図を示す。横軸および縦軸はそれぞれ，フッ素および酸素ポテンシャルを示す。フッ素（$\log P(F_2)$）および酸素（$\log P(O_2)$）ポテンシャルが極めて低い場合には金属 Pa が安定であり，フッ化物の場合には $\log P(F_2)$ の増加とと

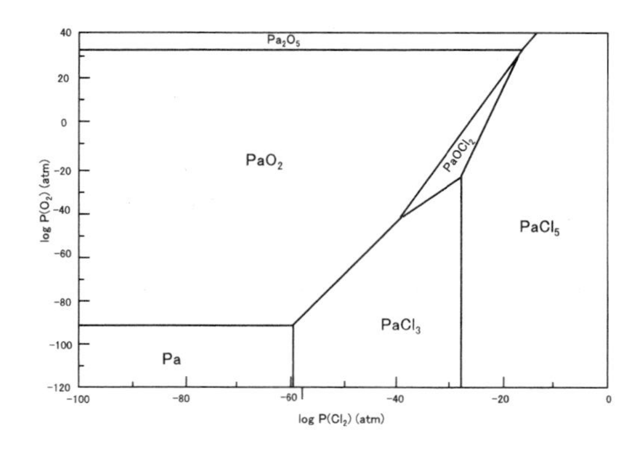

図22.5　Pa − Cl_2 − O_2 系化学ポテンシャル図（300℃）[15]

もに金属領域の右側に PaF_3，PaF_4 および PaF_5 が存在する。酸化物では，PaO_2 が広い領域を持ち，高 $\log P(O_2)$ において Pa_2O_5 が現れる。オキシフッ化物（Oxysulfide）は見られない。Pa-F_2-O_2 系に対し図22.5に示したPa-Cl_2-O_2 系の場合には，$\log P(Cl_2)$ の増加とともに $PaCl_3$ および $PaCl_5$ の領域があるものの，$PaCl_4$ は存在しない。また，Pa-F_2-O_2 系では見られなかったオキシハロゲン化物が，この場合には酸化物と塩化物の間にPa(IV) 価のオキシ塩化物 $PaOCl_2$ のみ存在することが分かる。

次に，炭素族や窒素族，カルコゲン族元素との化合物を表22.8に示す。炭化物やカルコゲン化物は金属と元素との反応により得る。PaH_3 との反応によりPaNを合成できるほか，PaX_2 を得，熱分解により Pa_3X_4 を得る。

$$Pa + C \rightarrow PaC \tag{22-16}$$

$$Pa + 2S \rightarrow PaS_2 \tag{22-17}$$

$$PaH_3 + N_2 \rightarrow PaN + NH_3 \tag{22-18}$$

$$2PaH_3 + 4X \rightarrow 2PaX_2 + 3H_2 \ (X = P, As, Sb) \tag{22-19}$$

表22.8　その他のPa化合物

n (PaXn)	炭素族	窒素族				カルコゲン族	
	C	N	P	As	Sb	S	Se
1	PaC	PaN		PaAs			
1.33			Pa_3P_4	Pa_3As_4	Pa_3Sb_4		
2	PaC_2		PaP_2	$PaAs_2$	$PaSb_2$	PaS_2	$PaSe_2$

22.3　溶液化学

Paの溶液化学研究については，文献［9］に挙げられているように，1960年代にR. Guillaumont, T.Mitsujiさらに S.Suzukiといった研究者らの複数の研究グループによって，半減期27日の^{233}Paトレーサを用いた二相分配実験が行われ，30報あまりの平衡定数を報告する論文が出版されている。しかしながらこれらの実験は，いずれもPa濃度が10^{-10}mol/L以下といった極微量領域で行われていたため，いわゆるラジオコロイドの発生や容器等へのトレーサの付着が生じたことが知られており，同じ反応に対しても報告値が研究者間で大きく異なることから信頼性が低いとされてきた。その後この種の研究報告は減り，70年代初頭からはほとんど論文発表がされなくなった。1992年にIAEAのミッションとしてJ. Fugerらがアクチノイドの無機錯体の平衡定数の取りまとめを行ったが［16］，Paについては「全ての既報データの信頼性が低く，推薦できるものが無い。」としてデータベース化がなされなかった。世界的に信頼されている米国標準局NIST発行のデータベース“Critically Selected Stability Constants”の最新版［17］においてもPaについては「全ての既報データは基準（criteria）を満たしていない」として，熱力学量が一つも収録されていない。Paは溶液中では，Pa(V) とPa(IV) をとるが，Pa(IV) は不安定で酸化されてしまうためPa(V) が支配的である。溶液中での化学挙動を知るための重要な要素であるPa(V) のイオン形に関しては，近年の量子計算やX線吸収分光によって解明がされつつある。Toraishiら［18］やDauら［19］による量子計算の報告によると，ジオキソイオン構造を取るU(V)，Np(V)，Pu(V) と異なり，Pa(V) はモノオキソイオンPaO^{3+}が強酸性溶液中での

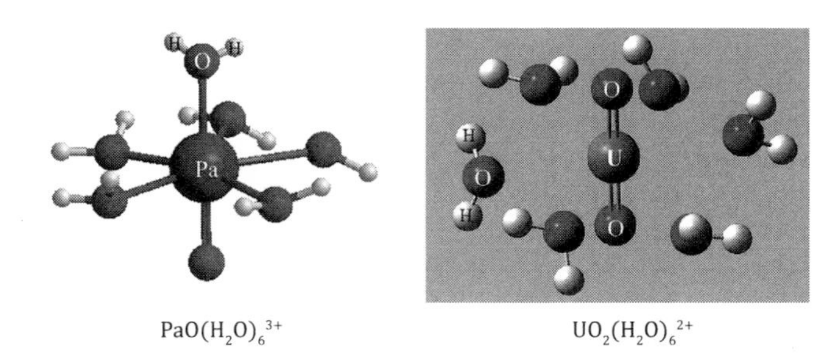

図22.6　$Pa^{V}O^{3+}$と$U^{VI}O_2{}^{2+}$のイオン形比較［18］

基本イオン形とみられるとしている。図22.6にPa(V)のモノオキソイオン形であるPaO^{3+}と代表的なアクチニルイオンである$UO_2{}^{2+}$のイオン形を示す。

図22.6左側に示すように，モノオキソイオンであるPaO^{3+}は，錯体を形成する際の幾何学的な配位制限が直鎖の二重結合酸素を持つジオキソイオン$UO_2{}^{2+}$と比較して少ない。このイオン形の大きな違いが，Pa(V)の溶液化学的性質が他の5価や6価の軽アクチノイドと大きく異なる要因と考えられている。一例として，Pa(V)と代表的なキレート剤であるエチレンジアミン四酢酸（EDTA）の錯生成定数とU(VI)，Np(V)，U(IV)，およびNp(IV)の錯生成定数の比較を表22.9に示す。ここで$\log\beta_{EDTA}$は化学種をM^{n+}とすると，以下のように定義される錯生成定数である。

$$M^{n+} + EDTA4^{-} \leftrightarrow M(EDTA)^{(4-n)-} \tag{22-20}$$

$$\beta_{EDTA} = \frac{[M(EDTA)^{(4-n)-}]}{[M^{n+}][EDTA^{4-}]} \tag{22-21}$$

表22.9に示したように，Pa(V)の錯生成定数はアクチニルイオン$Np^{V}O^{2+}$や$U^{VI}O_2{}^{2+}$と比較すると，著しく大きな値となっている。$UO_2{}^{2+}$の形式電荷は＋2でありPaO(OH)$^{2+}$と同じであるが，錯生成定数は全く異なる値

表22.9　EDTAと各アクチノイドイオンとの錯生成定数比較

化学種	イオン強度	溶液条件	$\log\beta_{\mathrm{EDTA}}$
$PaO(OH)^{2+}$ [20]	I = 1.0	$[HClO_4]$ = 0.025 − 1.0M	21.54 ± 0.03
$Pa(OH)_2^{3+}$ [21]	I = 1.0	pH0 − 1.5 HCl	22.1 ± 0.1
NpO_2^{+} [22]	I = 1.0	pH5 − 9 HCl	6.30 ± 0.1
UO_2^{2+} [22]	I = 1.0	pH2 − 4 HCl	9.82 ± 0.04
Np^{4+} [17]	I = 1.0	−	24.6
U^{4+} [17]	I = 1.0	−	23.2

である。$PaO(OH)^{2+}$の錯生成定数はNp^{4+}やU^{4+}といった4価アクチノイドの錯生成定数に近い値となっている。図22.6に示したように，アクチニルイオンはジオキソイオン構造，O＝An＝O結合に直交した平面上に配位できる箇所に制限がかかり，EDTAのような多座配位子の配位が不安定となる。一方，4価アクチノイドNp^{4+}やU^{4+}は配位できる箇所にこのような幾何学的制限がないためEDTAと安定な錯体を形成すると考えられている。Pa(V)-EDTAの錯生成定数が4価アクチノイドのものと近似な値であることからも，Pa(V)は$U^{VI}O_2^{2+}$のようなジオキソイオン構造をとらないことがうかがえる。他にも，Naourら[23]による高濃度の硫酸系（$[H_2SO_4]$ = 13M）では$PaO(SO_4)_3^{3-}$が，Mendesら[24]によるシュウ酸系では$PaO(C_2O_4)_3^{3-}$がPa(V)錯体として報告されている。一方，強力な錯生成能を持つフッ酸系では，Sioら[25]によると，[HF] = 22〜10MでPa(V)に結合している酸素がはずされたPaF_8^{-}やPaF_7^{2-}の化学種が観察されている。

以下に既往研究から得られている，Pa(V)の無機配位子との錯生成の強さの傾向を示す。

$$F^- > OH^- > SO_4^{2-} > Cl^- > Br^- > I^- > NO_3^- \geq ClO_4^- \qquad (22\text{-}22)$$

この傾向によるとPa(V)はフッ化物イオン以外の配位子に対してはOH^-との錯生成，つまり加水分解反応と競合することが分かる。また，過塩素酸イオンとはほとんど錯生成をしないと考えられるため，過塩素酸溶液中では加水分解しない限りにおいて，基本イオン形PaO^{3+}で存在するとみられる。Bouissièresが整理した［26］，Pa(V)化学種の酸濃度や溶液調整後の経過時間に対する分布を図22.7および図22.8に示す。図22.7はトレーサ濃度の，図22.8は可視量のPa(V)の過塩素酸溶液中での化学挙動を表している。

これらの図によると，過塩素酸濃度3M以上でPaO^{3+}として存在し，酸濃度が低下するにつれ$PaO(OH)^{2+}$，$PaO(OH)^{2+}$と加水分解が進行する。またpHが大きいほど時間経過につれて，Pa＝O, Pa-OH, Pa-O-Paなどの重合体やコロイド，加水分解沈殿が生じる。Pa(V)は溶液中で，強い加水分解性，コロイドや重合体の形成，固体表面への強い吸着性の性質を持ち，これらの性質によってPa(V)に関する実験研究には常に困難が伴う。図22.9に著者らが可視量の^{231}Paを含む溶液を調製した際に生じた白色沈殿の写真を示す。

図22.9に示したように可視量のPa(V)の実験では加水分解が進行し沈殿が生じやすいため，フッ酸系や高濃度の硫酸，塩酸系などの錯生成能の高い酸溶液条件に実験条件が制限される。このためPa(V)の錯生成に関するこれまでの研究にはトレーサ量の^{233}Paを用いた，溶媒抽出法やイオン交換法を用いた実験報告が多い。しかしトレーサ量の実験では実験器具等への吸着による影響や目に見えないコロイド形成などの化学種形の変化により予測のつかない実験結果が生じる恐れが常に付きまとう。このため多くの実験研究者はPaの化学実験に困難を感じており，未だPaの化学は未解明の部分が非常に多く，化学的に未踏の元素の一つといえる。

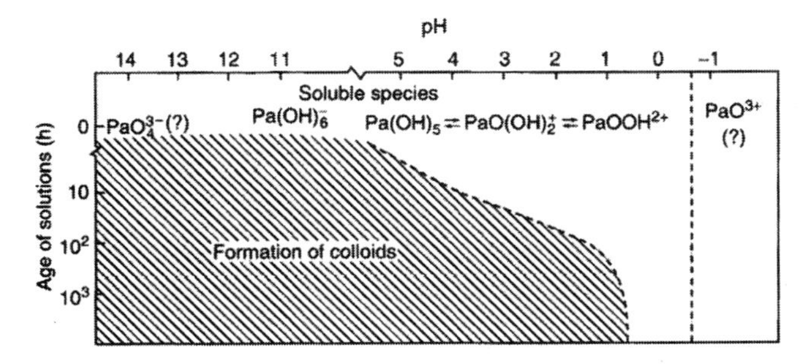

図 22.7　過塩素酸溶液中でのトレーサ量の Pa(V) の化学種分布［26］
（"The Chemistry of the Actinide and Transactinide Elements" 4th ed.［9］より許可を得て転載）

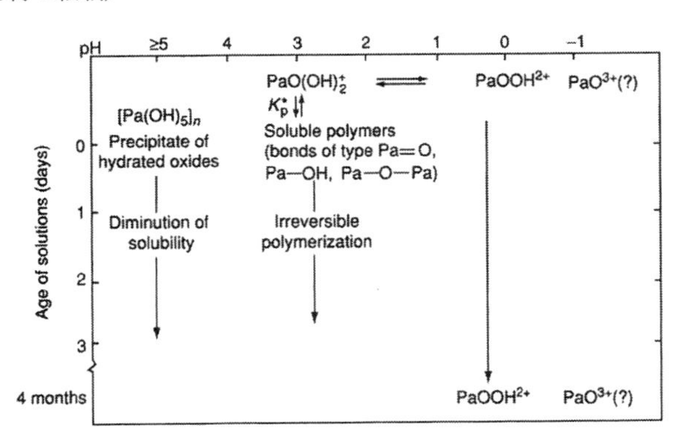

図 22.8　過塩素酸溶液中での可視量の Pa(V) の化学種分布［26］
（"The Chemistry of the Actinide and Transactinide Elements" 4th ed.［9］より許可を得て転載）

図 22.9　Pa(V) の白色沈殿
{溶液条件：[^{231}Pa(V)] ～ 10^{-4}M, [$HClO_4$] = 2.0M}

参考文献

[1] 佐藤修彰，桐島　陽，渡邉雅之，「ウランの化学（I）」（－基礎と応用－），東北大学出版会，(2020)

[2] 柴田徳思編，「放射線概論」，通商産業研究社，(2019)

[3] “Advanced Inorganic Chemistry, 6th ed.”, F. Albert. Cotton, Geoffrey Wilkinson, Carlos A. Murillo. Manfred Bochman, 1999.

[4] “Chemistry of the Elements, 2nd ed.”, N. N. Greenwood, A. Earnshaw, 1997.

[5] “Nature's Building Blocks An A-Z Guide to the Elements”, John Emsley, Oxford University Press 2001.

[6] 無機化合物・錯体辞典，中原勝儼，講談社，1997

[7] 希土類とアクチノイドの化学，Simon Cotton，足立吟也　監修　丸善 &Wiley, 2008

[8] Gmelin Handbuch Der Anorganischen Chemie, Protactinium und Isotope, System No. 51, Verlag Chemie, Weinheim/Bergstr., 1942, 2 Supplements, 1977.

[9] “The Chemistry of the Actinide and Transactinide Elements” 4th ed., Lester R. Morss (ed.), Norman M. Edelstein (ed.) & Jean Fuger (ed.), Springer, 2011.

[10] A. V. Grosse, M. S. Agruss, “Technical Extraction of Protoactinium”, Ind. Eng. Chem., 27 (1935) 422-426

[11] 原子力委員会 原子力バックエンド対策専門部会，「ウラン廃棄物処理処分の基本的考え方について」(2000)

[12] 日本原子力研究開発機構，TRU 核種を含む放射性廃棄物及びウラン廃棄物の余裕深度処分に対する濃度上限値の評価，JAEA-Reserch, 045, (2008)

[13] S. Fried, J. C. Hindman, “The ＋4 Oxidation State of Protactinium in Aqueous Solution”, J. Am. Chem. Soc., 76, 4863-4864 (1954).

[14] C. M. Marquardt, P. J. Panak, C. Apostolidis, A. Morgenstern, C. Walther1, R.Klenze and Th. Fanghänel, “Fluorescence spectroscopy on protactinium (IV) in aqueous solution”, Radiochim. Acta, 92, 445-447 (2004).

[15] HSC Chemistry, V.10, (2020)

[16] J. Fuger et al., The Chemical Thermodynamics of actinide elements and compounds, part 12 The actinide aqueous inorganic complexes, IAEA, VIENNA, 1992

[17] A. E. Martell, R. M. Smith, R. J. Motekaitis, NIST Critically Selected Stability Constants of Metal Complexes, ver. 8.0, Texas A&M University, Texas, 2004

[18] T. Toraishi, T. Tsuneda, S. Tanaka: Theoretical study on molecular property of protactinium (V) and uranium (VI) oxocations : why does protactinium (V) form mono oxo cations in aqueous solution? J. Phys. Chem. A 110, 13303 (2006).

[19] P. D. Dau, R. E. Wilson, J. K. Gibson : Elucidating protactinium hydrolysis: The relative stabilities of $PaO_2(H_2O)^+$ and $PaO(OH)^{2+}$. Inorg. Chem., 54, 7474 (2015).

[20] M. Ishibashi, Sh. Komori, D. Akiyama, A. Kirishima, Study of the Complexation of Protactinium (V) with EDTA, J. Sol. Chem., 50, 1432-1442, (2021)

[21] T. Shiokawa, M. Kikuchi, T. Omori : Stability constants of Pa(V)-EDTA complexes. Inorg. Nucl. Chem. Lett. 5, 105 (1969).

[22] Oleg S. Pokrovsky, Michael G. Bronikowski, Robert C. Moore and Gregory R. Choppin.: Interaction of Neptunyl（V）and Uranyl（VI）with EDTA in NACl Media: Experimental study and pitzer modeling. Radiochimica Acta, 80, 23（1998）
[23] C. Le Naour, D. Trubert, M. V. Di Giandomenico, C. Fillaux, C. Den Auwer, P. Moisy, C. Hennig, First structural characterization of a protactinium（V）single oxo bond in aqueous media. Inorg. Chem., 44, 9542（2005）.
[24] M. Mendes, S. Hamadi, C, Le Naour, J. Roques, A. Jeanson, C. Den Auwer, P. Moisy, S. Topin, J. Aupiais, C. Hennig, M. V. Di Giandomenico, Thermodynamical and structural study of protactinium（V）oxalate complexes in solution. Inorg. Chem., 49, 9962（2010）.
[25] S. De Sio, R. E. Wilson, EXAFS study of the speciation of protactinium（V）in aqueous hydrofluoric solutions. Inorg. Chem., 53, 12643（2014）.
[26] G. Bouissières, Tagungsber. 3 Int. Pa-Konf.（ed. H.-J. Born）, Schloss-Elmau, 15-18 April 1969, German Report BMBW-FBK 71-17, Paper No. 26.,（1971）

第23章　取扱技術

23.1　鉄セル

照射済燃料などの高線量の試料を取り扱う時に，試験室内雰囲気が空気でよい場合には，コンクリートセル（図23.1）内でマニプレータ操作により試料を取り扱うことが一般的である。

しかし，上記とは異なり，セル内雰囲気（試験室内を特に酸素や水分を可能な限り除去した窒素やアルゴン雰囲気）をコントロールする場合には，鉄（ステンレス）製のセルを使用する。これを鉄セルと呼んでいる。鉄“セル”と呼ばれているが，実際にはグローブボックスを重遮蔽したものとした方がイメージは付きやすい。

日本原子力研究開発機構原子科学研究所（東海）のNUCEF施設にある鉄セル（図23.2）は，高気密性で当然核種の漏洩がない他，約9.8cmの鉄の側壁と約13cmのポリエチレンの側壁のために，それぞれβ・γ線と中性子線を高性能に遮蔽している。

鉄セル内の保守管理のために，セル背面にグローブが何双か付属して

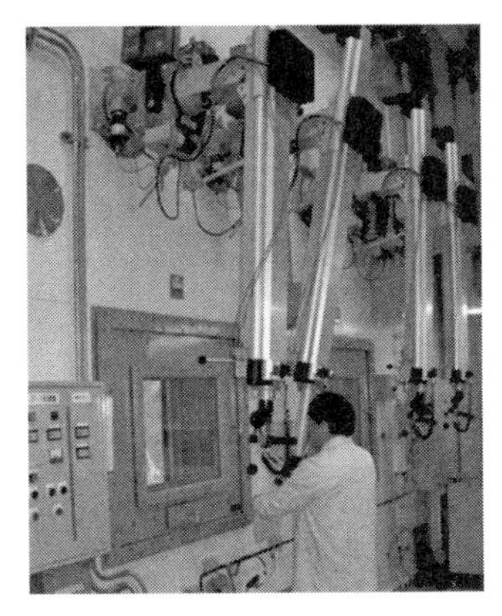

図23.1　コンクリートセル
（口絵2-1参照）

図 23.2　鉄セル
（口絵 2-2 参照）

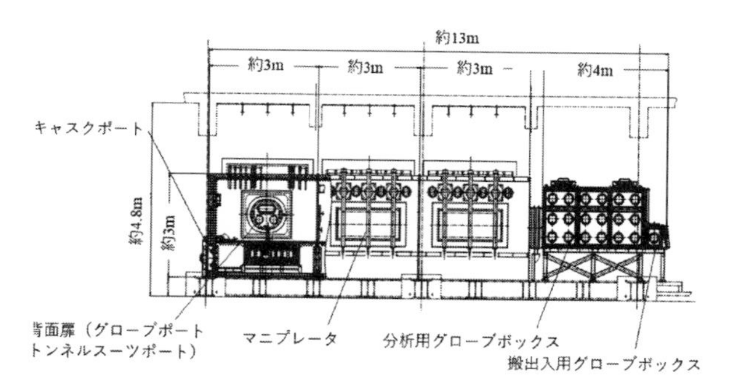

図 23.3　鉄セルの概略図

いる場合が多い。(図23.3参照)。ただし，セルには，インセルモニターが付属しており，それによりセル内のγ線の線量当量率が常時監視されており，線量当量率が高い場合には，セル背面扉に自動的にロックが掛かり，セル背面からのアクセスが出来ないような仕組みになっている。

試験操作の場合には，セル前面のマニプレータを使用する。このタイプのマニプレータは，セル前面にある操作側のコマンド Command アームと，セル内にある作業側の Remote アームから構成されている。以前はマスタースレイブ MS マニプレータと呼んでいたが，昨今のポリティカル・

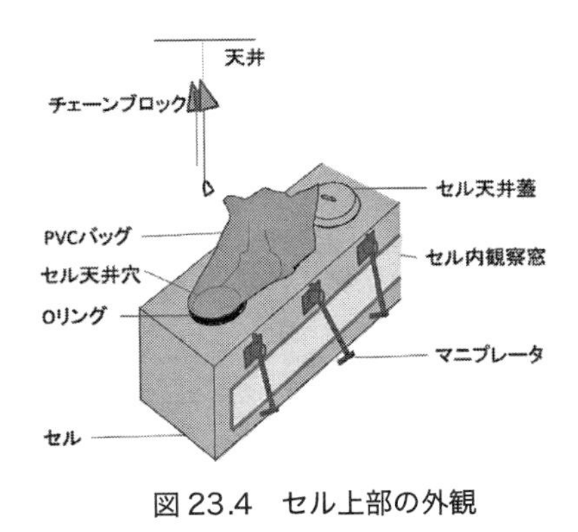

図23.4　セル上部の外観

コレクトネスにより，コマンドリモート（Command・Remote）CRマニプレータという名称への変更が推奨されている。

Remoteアームが長時間の使用等で劣化して交換の必要があったときのために，セル天井部には，新品のRemoteアーム（重量100kg以上）をチェーンブロックで吊り下げてセル内に搬入するためのポートが取り付けられている。通常，そのポートにはPVCバッグが装着されており，その上からステンレス製の蓋で覆われている。（図23.4参照。）このようなRemoteアーム交換技術は，本来は米国の技術であるが，日本では原子力関連企業としては大企業であるアトックス株式会社が取り扱っている。

23.2　物質管理

^{241}Amや^{237}NpはRIであるため，核燃料物質のような管理が不要であるが，近年，^{241}Amや^{237}Npは代替核燃料物質として，核燃料物質と同様な管理を求められる風潮が強まっている。しかし，今のところは，核燃料物質管理ほどの厳格さは求められていない。そのため，使用時の被曝線量当量率とRI使用量が使用許可上の制限値以下であることが最重要なこととなっている。ただし，核セキュリティ（16.5参照）の観点から盗取や施設の破壊などのテロ行為への対策が最近，益々強く求められており，RI

についても核燃料物質と同様に，試験操作が一段落した場合には，セルやGBよりも厳重に防護されている核燃料物質貯蔵庫やRI保管庫に直ちに移動して，それらの中で貯蔵することが原子力規制庁より求められている。しかしながら，セルやGBから試料（核燃料物質やRI）を搬出して，セルやGB外の核燃料物質貯蔵庫やRI保管庫に移動させる作業は時間や人手が掛かる他，作業自体が危険なものでありうる。そのため，これからセルやGBを新設する場合には，セルやGB内に，核燃料物質やRIを厳重に防護することが可能な核燃料物質貯蔵庫やRI保管庫を設置した方がよい。

被曝線量は大きくなるが，^{241}Amや^{243}AmをGBで使用することは不可能ではない。鉛当量2mm厚アクリル板が，GBのグローブ操作面に付属していれば，^{241}Amや^{243}Amから放出されるβ線は透過不可であり，^{241}Amから放出率が高く放出される約60keVのγ線による実効線量は，ほとんど遮蔽されるため，^{241}Amの1gを1時間使用した時の被曝線量は，0.1mSv/h未満となり，十分に低いので試験可能である。

一方，^{241}Amの1gを1時間使用した時に，鉛当量2mm厚アクリル板の遮蔽がないグローブポートや，手及び指，腕の被曝線量は高い。またGBへの試料の搬出入や，試料で汚染された廃棄物の取扱や搬出での被曝線量は高い。また，排気系HEPAファイルの捕集効率を年1回以上の検査することが許認可上必要になる。実際にフィルターが汚染しているHEPAファイターの捕集効率を測定するのは，汚染の可能性が高いために難しい作業となっている。

23.3　廃棄物管理

基本的にはプルトニウム取扱（16.3節Pu廃棄物管理）と同様であるが，^{241}Amの取扱では，放出率の大きい約60keVのγ線による被曝に気を付けなければならない。さらに，^{244}Cmの取扱では，γ線による被曝線量の他に，中性子線による被曝線量が大きいため，中性子線による被曝線量を考慮する必要がある。

^{244}Cm は，崩壊係数が（半減期18.1年）であり，^{244}Cm の一部が娘核種の ^{240}Pu になっている。^{240}Pu も，中性子線源であるが，^{240}Pu の中性子発生数は，同重量の ^{244}Cm の 0.0001 程度である。

また，α 崩壊核種の化合物を取り扱う場合には，（α，n）反応による中性子線発生も考慮する必要があるが，例えば，PuB_4 のような化合物に場合には，（α，n）反応による中性子線発生率は，α 崩壊の100万分の1程度であるので，^{244}Cm の中性子線による線量当量率を考える場合には無視でよい。

^{244}Cm の中性子線による線量当量率の計算と実測の例を下記に示す。線量測定の対象は，廃棄物仕掛品用カートンボックス（容量 2ℓ）に，使用後の約20mgの ^{244}Cm を含む可燃性廃棄物である。

1）計算による評価

^{244}Cm　0.02g　について計算

^{244}Cm の核分裂速度　$A = \lambda \cdot N = 80284.905$（fission/sec）

λ：自発核分裂の半減期 1.35×10^7 年，N：原子数

中性子放出速度 $n = A \cdot \eta = 2.409E + 05$（n/sec）

η：中性子放出数　n/fission3.0として計算すると

中性子線量当量率　$D = n \cdot R / 4\pi r^2$（μSv/h）

R：線量当量率変換係数（μSv/h）/（n / cm^2・sec）

r：線源からの距離（cm）

距離（cm）	5.0	10.0	25.0	30.0	40.0	60.0
中性子線量当量率（μSv/h）	1002	250.6	40.09	27.84	15.66	6.960

＜線量率評価に用いた係数＞

中性子エネルギー (MeV)	^{244}Cm自発核分裂の中性子の相対値※1 Rc	中性子線線量当量率変換係数※2 (μSv/h)/(n/cm^2・sec) k	実効変換係数 R = Rc・k
15.00	0.0000	1.980	0.0000
12.20	0.0012	1.760	0.0021
10.00	0.0034	1.610	0.0055
8.18	0.0166	1.510	0.0251
6.36	0.0403	1.410	0.0568
4.96	0.0534	1.460	0.0780
4.06	0.1192	1.470	0.1752
3.01	0.0916	1.370	0.1255
2.46	0.0231	1.320	0.0305
2.35	0.1226	1.310	0.1606
1.83	0.2330	1.300	0.3029
1.11	0.2155	1.240	0.2672
0.55	0.0801	0.965	0.0773
0.11	0.0000	0.272	0.0000
TOTAL	1.0000		1.3067

※1　Curium data sheets　ORNL-4357 (1969) より
※2　10mm線量当量率変換係数,(ICRP Pub.51, Table 21) より

2) 実測値

距離 (cm) 40

中性子線量当量率 (μSv/h) 15～20

測定機器：シンチレーション型レムカウンター

1) の計算値と2) の実測値が充分に近い値であることがわかる。

23.4　汚染評価と除染

基本的にはプルトニウム取扱 (16.4節Pu汚染評価と除染) と同様である。汚染について，通常，プルトニウム粉末に比べて，アメリシウムやキュリウム粉末の挙動が異なるとされることはない。ただし，単位重量あ

たりの被曝線量が高いので，肉眼で汚染状態を見極めるのは不可能である。まずスミヤ法で α 線粒子の汚染状態を確認することが重要である。β γ 線サーベイでは，近くにあるが汚染ではないアメリシウムやキュリウムからの γ 線を拾うので，測定不可能である。

【著者略歴】

佐藤修彰：

1982 年 3 月東北大学大学院工学研究科博士課程修了，工学博士，東北大学選鉱製錬研究所，素材工学研究所，多元物質科学研究所を経て，現在，東北大学・原子炉廃止措置基盤研究センター客員教授。専門分野：原子力化学，核燃料工学，金属生産工学

桐島　陽：

2004 年 3 月東北大学大学院工学研究科博士課程修了，博士（工学），日本原子力研究所を経て，現在，東北大学・多元物質科学研究所・金属資源プロセス研究センター・エネルギー資源プロセス研究分野教授，専門分野：放射性廃棄物の処理・処分，放射化学，アクチノイド溶液化学

渡邉雅之：

1993 年 3 月名古屋大学大学院理学研究科博士前期課程修了，1994 年 4 月日本原子力研究所入所，1999 年 8 月～ 2000 年 8 月スタンフォード大学化学科客員研究員，2003 年 3 月東京大学大学院理学研究科博士課程修了博士（理学），を経て，現在，日本原子力研究開発機構・原子力科学研究所・基礎工学センターディビジョン長兼放射化学研究グループ・グループリーダー兼東北大学工学研究科量子エネルギー工学専攻連携准教授，専門分野：放射化学，アクチノイド無機化学

佐々木隆之：

1997 年 3 月京都大学大学院理学研究科化学専攻博士後期課程研究指導認定退学，博士（理学），日本原子力研究所，京都大学原子炉実験所を経て，現在，京都大学大学院・工学研究科・原子核工学専攻教授，専門分野：バックエンド工学，放射化学，アクチノイド化学

上原章寛：

2004年3月京都工芸繊維大学大学院工芸科学研究科博士課程修了，博士（工学），京都大学原子炉実験所を経て，現在，量子科学技術研究開発機構・放射線医学総合研究所・放射線障害治療研究部・主任研究員，専門分野：電気分析化学，アクチノイド化学

武田志乃：

1992年3月筑波大学大学院医学研究科博士課程修了，博士（医学），環境庁国立環境研究所，筑波大学社会医学系を経て，現在，国立研究開発法人量子科学技術研究開発機構・放射線医学総合研究所・放射線障害治療研究部・体内除染グループ・グループリーダー，専門分野：環境毒性学

北辻章浩：

1993年3月大阪大学大学院工学研究科修士課程修了，1993年4月日本原子力研究所入所，2002年9月東北大学大学院理学研究科博士課程後期修了，博士（理学）を経て，現在，国立研究開発法人日本原子力研究開発機構 原子力科学研究部門 原子力科学研究所 原子力基礎工学研究センター 原子力化学ディビジョン 分析化学研究グループ・グループリーダー，東北大学客員教授，茨城大学客員教授，専門分野：アクチノイド溶液化学，電気分析化学

音部治幹：

1996年3月東京大学大学院（修士課程）工学系研究科応用化学専攻修了，1996年4月日本原子力研究所入所，現在，日本原子力研究開発機構・原子力科学研究部門・原子力基礎工学研究センター・燃料高温科学研究グループ　グループ員，専門分野：固体アイオニクス，インテリジェント材料学，ポリ酸の化学，プルトニウム研究設備の運転管理

小林大志：

2010年3月京都大学大学院工学研究科博士後期課程修了，博士（工学），Karlsruhe Institute of Technologyを経て，現在，京都大学大学院・工学研究科・原子核工学専攻准教授，専門分野：アクチノイド溶液化学

索　引

※頻出項目は主な該当ページのみにとどめている。

【あ】

【か】

【さ】

【た】

【な】

【は】

【ま】

【や】

【ら】

【A～N】

【O～Z】

トリウム、プルトニウムおよび MA の化学

The Chemistry of Thorium, Plutonium and MA

2022 年 3 月 31 日　初版第 1 刷発行

著　者　佐藤修彰・桐島　陽・渡邉雅之
　　　　佐々木隆之・上原章寛・武田志乃
　　　　北辻章浩・音部治幹・小林大志
発行者　関内　隆
発行所　東北大学出版会
　　　　〒 980-8577　仙台市青葉区片平 2-1-1
　　　　Tel. 022-214-2777　Fax. 022-214-2778
　　　　https://www.tups.jp　E.mail info@tups.jp
印　刷　カガワ印刷株式会社
　　　　〒 980-0821　仙台市青葉区春日町 1-11
　　　　Tel. 022-262-5551

ISBN978-4-86163-370-6　C3058
定価はカバーに表示してあります。
乱丁、落丁はおとりかえします。